Stationenlernen Lineare Funktionen

Darstellungen, Nullstellen, Steigungsdreiecke usw.

9. Auflage 2025

Inhalt: Hans-J. Schmidt
Coverbild: © volondoff - AdobeStock.com
Redaktion: Kohl-Verlag
Grafik & Satz: Kohl-Verlag
Druck: farbo prepress GmbH, Köln

Bestell-Nr. 11 598

ISBN: 978-3-95686-575-6

AF727302

Kontakt: Kohl-Verlag, An der Brennerei 37-45, 50170 Kerpen
Tel: +49 2275 331610, Mail: info@kohlverlag.de

Unsere Lizenzmodelle

Der vorliegende Band ist eine Print-Einzellizenz

Sie wollen unsere Kopiervorlagen auch digital nutzen? Kein Problem – fast das gesamte KOHL-Sortiment ist auch sofort als PDF-Download erhältlich! Wir haben verschiedene Lizenzmodelle zur Auswahl:

	Print-Version	PDF-Einzellizenz	PDF-Schullizenz	Kombipaket Print & PDF-Einzellizenz	Kombipaket Print & PDF-Schullizenz
Unbefristete Nutzung der Materialien	x	x	x	x	x
Vervielfältigung, Weitergabe und Einsatz der Materialien im eigenen Unterricht	x	x	x	x	x
Nutzung der Materialien durch alle Lehrkräfte des Kollegiums an der lizensierten Schule			x		x
Einstellen des Materials im Intranet oder Schulserver der Institution			x		x

Die erweiterten Lizenzmodelle zu diesem Titel sind jederzeit im Online-Shop unter www.kohlverlag.de erhältlich.

Inhalt

! Grundaufgaben; ★ Expertenaufgaben

Station		Seite(n)	!/★	E/P	benötigte Materialien
A1	Wertetabellen und Graphen	26	!	E	Geodreieck, Heft, Stift, Blatt
A2	Wertetabellen und Graphen	26	!	E	Geodreieck, Heft, Stift, Blatt
A3	Wertetabellen und Graphen	27	!	E	Geodreieck, Heft, Stift, Blatt
A4	Wertetabellen und Graphen	27	★	P	Geodreieck, Heft, Stift, Blatt
B1	Steigungsdreieck und Funktionsgleichung	28	!	E	Geodreieck, Heft, Stift, Blatt
B2	Steigungsdreieck und Funktionsgleichung	28	!	E	Geodreieck, Heft, Stift, Blatt
B3	Steigungsdreieck und Funktionsgleichung	29	!	E	Geodreieck, Heft, Stift, Blatt
B4	Steigungsdreieck und Funktionsgleichung	29	★	E	Geodreieck, Heft, Stift, Blatt
B5	Bestimmen von Funktionsgleichungen des Typs y = m • x	30	!	E	Heft, Stift, Blatt
B6	Bestimmen von Funktionsgleichungen des Typs y = m • x	30	★	P	Heft, Stift, Blatt
B7	Zeichnen von Graphen mithilfe von Steigungsdreiecken	31	!	E	Geodreieck, Heft, Stift, Blatt
B8	Zeichnen von Graphen mithilfe von Steigungsdreiecken	31	!	E	Geodreieck, Heft, Stift, Blatt
B9	Zeichnen von Graphen mithilfe von Steigungsdreiecken	32	!	E	Geodreieck, Heft, Stift, Blatt
B10	Zeichnen von Graphen mithilfe von Steigungsdreiecken	32	★	P	Geodreieck, Heft, Stift, Blatt
A5	Wertetabellen und Graphen	33	!	E	Geodreieck, Heft, Stift, Blatt
A6	Wertetabellen und Graphen	33	!	P	Geodreieck, Heft, Stift, Blatt
A7	Wertetabellen und Graphen	34	!	E	Geodreieck, Heft, Stift, Blatt
A8	Wertetabellen und Graphen	34	★	E	Geodreieck, Heft, Stift, Blatt
D1	Bestimmen der Schnittpunkte von Graphen mit der x- bzw. y-Achse	35	!	E	Geodreieck, Heft, Stift, Blatt
D2	Bestimmen der Schnittpunkte von Graphen mit der x- bzw. y-Achse	35	!	E	Geodreieck, Heft, Stift, Blatt
D3	Bestimmen der Schnittpunkte von Graphen mit der x- bzw. y-Achse	36	!	E	Geodreieck, Heft, Stift, Blatt
D4	Bestimmen der Schnittpunkte von Graphen mit der x- bzw. y-Achse	36	!	E	Geodreieck, Heft, Stift, Blatt

Inhalt

! Grundaufgaben; ★ Expertenaufgaben

Station		Seite(n)	!/★	E/P	benötigte Materialien
B11	Bestimmen von Funktionsgleichungen des Typs y = m • x + b	37	!	E	Heft, Stift, Blatt
B12	Bestimmen von Funktionsgleichungen des Typs y = m • x + b	37	★	E	Heft, Stift, Blatt
B13	Bestimmen von Funktionsgleichungen des Typs y = m • x + b	38	!	E	Heft, Stift, Blatt
B14	Bestimmen von Funktionsgleichungen des Typs y = m • x + b	38	!	E	Heft, Stift, Blatt
B15	Steigungsdreieck und Funktionsgleichung	39	!	E	Geodreieck, Heft, Stift, Blatt
B16	Steigungsdreieck und Funktionsgleichung	39	!	E	Geodreieck, Heft, Stift, Blatt
B17	Steigungsdreieck und Funktionsgleichung	40	!	E	Geodreieck, Heft, Stift, Blatt
B18	Steigungsdreieck und Funktionsgleichung	40	★	E	Geodreieck, Heft, Stift, Blatt
B19	Sonderfälle x = a bzw. y = b	41	!	E	Heft, Stift, Blatt
B20	Sonderfälle x = a bzw. y = b	41	!	E	Geodreieck, Heft, Stift, Blatt
C1	Bestimmen von Funktionsgleichungen des Typs y = m • x bei gegebenem Punkt P	42	!	E	Geodreieck, Heft, Stift, Blatt
C2	Bestimmen von Funktionsgleichungen des Typs y = m • x bei gegebenem Punkt P	42	!	E	Geodreieck, Heft, Stift, Blatt
C3	Bestimmen von Funktionsgleichungen bei zwei gegebenen Punkten	43	!	E	Geodreieck, Heft, Stift, Blatt
C4	Bestimmen von Funktionsgleichungen bei zwei gegebenen Punkten	43	!	E	Geodreieck, Heft, Stift, Blatt
C5	Bestimmen von Funktionsgleichungen bei zwei gegebenen Punkten	44	!	E	Geodreieck, Heft, Stift, Blatt
C6	Bestimmen von Funktionsgleichungen bei zwei gegebenen Punkten	44	★	E	Geodreieck, Heft, Stift, Blatt
C7	Bestimmen von Funktionsgleichungen bei gegebener Steigung m und einem Punkt	45	!	E	Geodreieck, Heft, Stift, Blatt
C8	Bestimmen von Funktionsgleichungen bei gegebener Steigung m und einem Punkt	45	★	E	Geodreieck, Heft, Stift, Blatt
D5	Bestimmen von Funktionsgleichungen bei gegebenen Schnittpunkten der x- und y-Achse	46	!	E	Geodreieck, Heft, Stift, Blatt
D6	Bestimmen von Funktionsgleichungen bei gegebenen Schnittpunkten der x- und y-Achse	46	★	E	Geodreieck, Heft, Stift, Blatt
F1	Zeichnerische Überprüfung von Punkten, die auf einer Geraden liegen	47	!	E	Geodreieck, Heft, Stift, Blatt
F2	Rechnerische Überprüfung von Punkten, die auf einer Geraden liegen	47	!	E	Heft, Stift, Blatt

Inhalt

! Grundaufgaben; ★ Expertenaufgaben

Station		Seite(n)	!/★	E/P	benötigte Materialien
D7	Bestimmen von Funktionsgleichungen bei gegebenen Schnittpunkten der x- und y-Achse	48	!	E	Geodreieck, Heft, Stift, Blatt
D8	Zeichnerische Bestimmung der Schnittpunkte von Geraden mit der x- bzw. y-Achse	48	!	E	GeodreieckHeft, Stift, Blatt
F3	Ermitteln des x-Wertes bei gegebenem Funktionswert	49	!	E	Heft, Stift, Blatt
F4	Ermitteln des x-Wertes bei gegebenem Funktionswert	49	★	E	Heft, Stift, Blatt
B21	Ermitteln der y-Form und Zeichnen des Graphen	50	!	E	Geodreieck, Heft, Stift, Blatt
B22	Ermitteln der y-Form und Zeichnen des Graphen	50	★	E	Geodreieck, Heft, Stift, Blatt
E1	Zeichnerische Lösung linearer Gleichungssysteme	51	!	E	Geodreieck, Heft, Stift, Blatt
E2	Zeichnerische Lösung linearer Gleichungssysteme	51	!	E	Geodreieck, Heft, Stift, Blatt
E3	Zeichnerische Lösung linearer Gleichungssysteme	52	!	E	Geodreieck, Heft, Stift, Blatt
E4	Zeichnerische Lösung linearer Gleichungssysteme	52	!	E	Geodreieck, Heft, Stift, Blatt
E5	Zeichnerische Lösung linearer Gleichungssysteme	53	!	E	Geodreieck, Heft, Stift, Blatt
E6	Zeichnerische Lösung linearer Gleichungssysteme	53	!	E	Geodreieck, Heft, Stift, Blatt
E7	Zeichnerische Lösung linearer Gleichungssysteme	54	!	E	Geodreieck, Heft, Stift, Blatt
E8	Zeichnerische Lösung linearer Gleichungssysteme	54	!	E	Geodreieck, Heft, Stift, Blatt
E9	Zeichnerische Lösung linearer Gleichungssysteme	55	!	E	Geodreieck, Heft, Stift, Blatt
E10	Zeichnerische Lösung linearer Gleichungssysteme	55	!	E	Geodreieck, Heft, Stift, Blatt
B23	Stückweise lineare Funktionen	56	★	E	Geodreieck, Heft, Stift, Blatt
B24	Stückweise lineare Funktionen	56	★	E	Geodreieck, Heft, Stift, Blatt
B25	Stückweise lineare Funktionen »Bewegungsaufgaben«	57	★	E	Geodreieck, Heft, Stift, Blatt
B26	Stückweise lineare Funktionen »Bewegungsaufgaben«	57	★	E	Geodreieck, Heft, Stift, Blatt
B27	Stückweise lineare Funktionen »Bewegungsaufgaben«	58	★	E	Geodreieck, Heft, Stift, Blatt
B28	Stückweise lineare Funktionen »Bewegungsaufgaben«	58	★	E	Geodreieck, Heft, Stift, Blatt
	Tipp-Karten	59			

Anleitung

Sehr geehrte Kollegen und Kolleginnen,

dieses Werk zum Stationenlernen im Bereich Lineare Funktionen soll Ihnen ein wenig Ihre alltägliche Arbeit im Mathematikunterricht erleichtern. Die einzelnen Übungsstationen eignen sich sowohl für die Klassenstufen 8 als Lerneinstiegshilfe, sowie für spätere Klassen zur gezielten Wiederholung dieses prüfungsrelevanten Themenbereichs. Dabei war es uns besonders wichtig, dass wir die einzelnen Übungsaufgaben in unterschiedliche Übungsfelder A, B, C, D, E und F einteilen. Für jedes dieser sechs Übungsfelder stehen im hinteren Bereich des Heftes Tipp-Karten zur Verfügung. Die Reihenfolge der Stationen ist frei wählbar, so können die Schüler in ihrem individuellen Arbeits- und Lerntempo schüler- und handlungsorientiert vorgehen. Denn nur so kann Wissen langfristig gespeichert und wieder abgerufen werden. Durch den individuell ausfüllbaren Laufzettel wird bei dieser differenzierten Arbeitsform stets der Überblick gewahrt. Die Materialien eignen sich dank der möglichen Hilfestellungen durch die Tipp-Karten auch hervorragend für die Selbstlernzeit. Als didaktische Hilfestellung wurde eine Bastelanleitung für einen Funktionenschieber erarbeitet.

Ausführliche Erklärungen zum Thema und Handout für die Schüler:

In diesem Kapitel wird das komplexe Thema der linearen Zusammenhänge, sowie deren Berechnung und graphische Darstellung ausführlich und mit vielen Graphiken und Musterrechnungen erklärt. Im Anschluss daran befindet sich eine knappe Zusammenfassung, welche in Klassenstärke kopiert als Handout für die Schüler eingesetzt werden kann.

Bastelanleitung zum Funktionenschieber:

Der Funktionenschieber ist eine Möglichkeit, dem Schüler den linearen Zusammenhang bildlich vorstellen zu können. Einmal gebastelt, lässt sich der Funktionenschieber auch gut archivieren und jederzeit wieder einsetzen. Er kann sowohl aus Folie erstellt und somit für den Einsatz am Over Head Projektor genutzt werden, als auch in Klassenstärke kopiert und gemeinsam gebastelt werden.

Stationen:

Die Übungsaufgaben auf den einzelnen Stationskarten enthalten zwar eine Nummerierung, können aber dennoch flexibel eingesetzt werden. Jeder Schüler kann selbst entscheiden, welche Stationen er bearbeiten möchte. Dies können beispielsweise lediglich Übungsaufgaben aus einem Themenbereich sein, ebenso gut können jedoch auch Aufgaben aus allen Bereichen vermischt werden. Die Karten lassen sich auch beliebig umnummerieren, wenn den Schülern dadurch die Zuordnung erleichtert wird.

Grund- und Expertenaufgaben:

Innerhalb der Bereiche gibt es Grundaufgaben, die mit einem Ausrufezeichen markiert sind und Expertenaufgaben, die mit einem Stern gekennzeichnet sind. Die Grundaufgaben sollen von allen Schülern bearbeitet werden. Schwächere Schüler können hier auf die Tipp-Karten A - F zurückgreifen. Die Expertenaufgaben enthalten vertiefende oder weiterführende Inhalte. Je nach Leistungsstand Ihrer Klasse können Sie jedoch problemlos Stationsaufgaben anders kennzeichnen.

Anleitung

Tipp-Karten:

Wie bereits erwähnt gibt es für die sechs Themenbereiche Tipp-Karten. Es empfiehlt sich, die Tipp-Karten z. B. in Briefumschlägen verpackt den Stationen beizulegen oder sie sogar an einem separaten Ort zu platzieren. So überlegen die Kinder eher, ob sie einen Tipp benötigen oder nicht und werden nicht so stark dazu verleitet, aus Bequemlichkeit einen Blick darauf zu werfen.

Lösungen:

Wer die Aufgaben der Schüler korrigiert, hängt zum einen von der Lerngruppe und zum anderen von den Vorlieben des unterrichtenden Lehrers ab. So kann dieser die Verbesserung der Schüleraufgaben selbst übernehmen, oder diese Aufgabe in die Verantwortung der Kinder übergeben. Unter jeder Aufgabenkarte ist die entsprechende Lösungskarte angebracht. Alle Karten können laminiert und entsprechend verteilt werde. Alternativ können Sie die Seiten jedoch auch kopieren und die Lösungen, für die Schüler erkenntlich markiert, an einem passenden Ort positionieren oder nachreichen.

Stationen-Laufzettel:

Der Stationen-Laufzettel ist so konzipiert, dass die Lehrkraft oder die Schüler die Themenbereiche A bis F sowie die entsprechend nummerierten Übungsaufgaben eintragen.
Die Kinder haken dann ab, wenn sie eine Station erledigt haben. Ein weiterer Haken wird gesetzt, wenn die Station korrigiert wurde.

Lineare Funktionen Domino

Dieses Dominospiel besteht aus 40 Spielkarten, die auf Karton kopiert, ausgeschnitten und gegebenenfalls laminiert werden. Gespielt werden kann es von 2 - 4 Spielern. Jeder Mitspieler erhält 5 Karten, die restlichen verbleiben als versteckter Stapel auf dem Tisch. Bestimmt wer beginnen darf und spielt anschließend Reihum. Dabei wird stets versucht, rechts oder links an den Graphen/die Funktionsgleichung „anzudocken". Wem dies nicht gelingt, muss eine Karte vom Stapel nehmen, bis dort keine mehr sind. Gewonnen hat, wer als erster Spieler alle Karten richtig angelegt hat.

Symbole:

Heft 

Grundaufgabe 

Stift/Bleistift 

Expertenaufgabe 

Blatt Papier 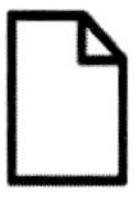

Einzelaufgabe 

Geodreieck 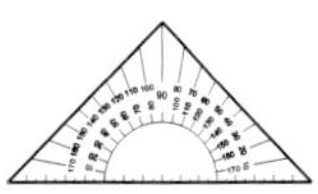

Partneraufgabe 

Nach dieser kurzen Einführung wünscht Ihnen viel Spaß beim Einsatz der Materialien
Ihr Kohl-Verlag

Ausführliche Erklärung zum Thema

Werden verschiedene Größenbereiche zueinander in Beziehung gesetzt, so entstehen **Zuordnungen**, die man in **Tabellen**, **Diagrammen** oder sogenannten **Graphen** im Koordinatensystem darstellen kann.

Beispiele:

1. Die Grafik zeigt die Wachsamkeitskurve von Mäxchen Müd während eines ganz normalen Schultages von 8.00 h - 13.30 h.

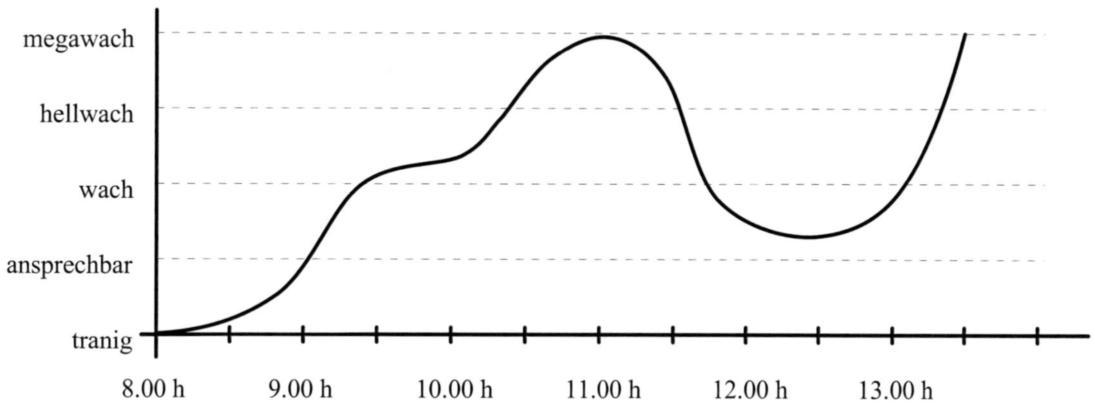

2. In der Tabelle sind die Daten zu den angebotenen und nachgefragten Ausbildungsplätzen in der Bundesrepublik von 1992 - 1997 gegeben. Anhand einer Darstellung im Koordinatensystem lassen sich die zeitlichen Entwicklungen gut vergleichen.

Jahr	1992	1993	1994	1995	1996	1997
Angebotene Ausbildungsplätze	721 825	655 857	621 992	616 988	609 289	634 800
Nachgefragte Ausbildungsplätze	608 190	587 879	586 810	597 736	612 800	634 900

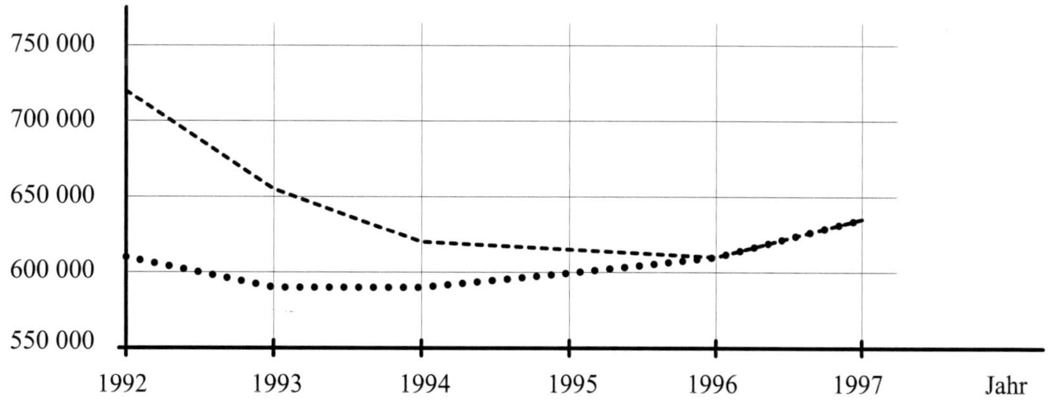

Ausführliche Erklärung zum Thema

Gehört zu jeder Größe aus einem ersten Bereich **genau eine** Größe aus einem zweiten Bereich, dann nennt man diese Zuordnung eine **Funktion**. Die zugeordneten Größen des zweiten Bereichs nennt man **Funktionswerte**.

Vom Mülheimer Flughafen starten bei schönem Wetter regelmäßig Freiluftballons. So ein Ballon »schwebt« - je nach Windlage - mit einer durchschnittlichen Geschwindigkeit von 22 km/h durch die Lüfte. Welchen Weg legt er in 2 h, 15 min, 45 min, 3 h 30 min zurück? Die Funktionswerte für die Größen des ersten Bereichs (z. B. 2 h, 15 min, 45 min, 3 h 30 min) kann man in einer Wertetabelle festhalten.

1. Bereich	2. Bereich (Funktionswerte)
1 h	22 km
2 h	44 km
15 min	5,5 km
45 min	16,5 km
3 h 30 min	77 km

1. Bereich	2. Bereich (Funktionswerte)
→ 153 cm	52 kg
145 cm	44 kg
166 cm	65 kg
→ 153 cm	49 kg
161 cm	63 kg

Hier kann man nicht von einer Funktion sprechen, weil einer Größe aus dem ersten Bereich zwei verschiedene Werte aus dem zweiten Bereich zugeordnet wurden.

Funktionen spielen in vielen Bereichen eine Rolle. Die Geschwindigkeit ist z. B. eine Funktion der Zeit und des Weges:

$$\text{Geschwindigkeit } v = \frac{\text{Weg (s) [km]}}{\text{Zeit (t) [h]}}$$

Für die Darstellung von Funktionen benutzt man das **Koordinatensystem**. Die Darstellung heißt **Graph der Funktion**. Aus dem Graphen kannst du z. B. ablesen, zwischen welchen Zeiten Mäxchen Pedalo auf seinem Mountainbike mit konstanter Geschwindigkeit fuhr. Wie groß war seine Geschwindigkeit in km/h? Wann legte Mäxchen Pausen ein?

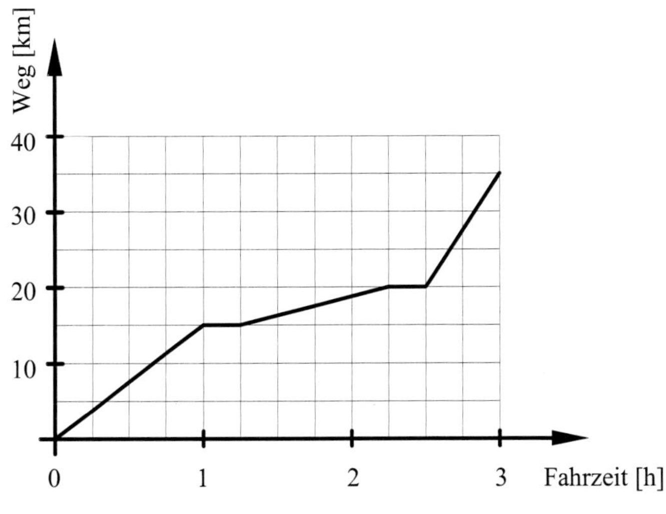

Ausführliche Erklärung zum Thema

Viele Zuordnungen des täglichen Lebens sind **proportionale** Funktionen. Bei proportionalen Funktionen ist das Verhältnis der Werte des zweiten Bereichs und des ersten Bereichs zueinander konstant.

Kartoffelhändler Karlchen Knolle hat sich für den Verkauf seiner leckeren Produkte »Hansa - non Grata« eine Tabelle angelegt.

Anzahl kg	2	3	5	8	10	12
€	3,00	4,50	7,50	12,00	15,00	18,00

Die Verhältnisse $\frac{3,00}{2}$ $\frac{4,50}{3}$ $\frac{7,50}{5}$ $\frac{12,00}{8}$ $\frac{15,00}{10}$ $\frac{18,00}{12}$ sind konstant 1,5.

Paulchen Pozniak arbeitet in seiner Freizeit im Demiamarkt. Er erhält für eine Stunde Arbeit 6,20 €. Es dürfte dir nicht schwerfallen, die Tabelle zu ergänzen.

Anzahl Stunden	1	2	4	7	3	9
Verdienst	6,20 €					

12,40 € 24,80 € 43,40 € 18,60 € 55,80 €

Der Fruchtsafthersteller Mitfaier presst aus 40 Apfelsinen 6 Liter des köstlichen Bollentrinasaftes. Sicherlich kannst du die Tabelle ergänzen.

160 6000 80000

Anzahl Apfelsinen	40		800		20000	
Liter Saft	6	24		900		12000

120 3000

Das Bankhaus »Safenix« drückt Kunden, die ihr Geld für einen Penunzienurlaub umtauschen wollen, diese Tabelle zum Ausfüllen in die Hand.

80 300 450 600

€	10	50	100	200	500				
Penunzen	275					2200	8250	12375	16500

1375 2750 5500 13750

Ausführliche Erklärung zum Thema

Proportionale Funktionen lassen sich durch **Funktionsgleichungen** darstellen. Mit Hilfe von Funktionsgleichungen können für die x-Werte des 1. Bereichs die zugeordneten y-Werte des 2. Bereichs berechnet werden.

Wenn Kartoffelhändler Karlchen Knolle weiß, dass 1 kg seiner Kartoffeln 1,50 € kostet, dann kann er eine Funktionsgleichung $y = 1{,}50 \cdot x$ aufstellen.
Ein Kunde kauft 9 kg Kartoffeln. Karlchen Knolle braucht nur zu berechnen $1{,}50 \cdot 9$ und weiß, dass er von seinem Kunden 13,50 € zu bekommen hat.

Paulchen Pozniak würde für seine Arbeit im Demiamarkt eine Funktionsgleichung erstellen, die ihm für jede geleistete Stunde den Verdienst berechnet:
$y = 6{,}20 \cdot x$. Wenn er am Wochenende 4 h 30 min arbeitet, erhält er 27,90 €.
Rechne nach!

Der Fruchtsafthersteller Mitfaier hat eine etwas kompliziertere Funktionsgleichung aufzustellen, weil er wissen muss, wie viel Liter Saft aus einer Apfelsine kommen. Wenn aus 40 Apfelsinen 6 Liter Saft gepresst werden, dann werden aus einer Apfelsine 0,15 Liter gewonnen (6 : 40 = 0,15). Somit lautet die Funktionsgleichung für Bollentrinasaft $y = 0{,}15 \cdot x$, wobei du für x die Anzahl der Apfelsinen einsetzt und y den Saftgewinn anzeigt.

Beispiel:
Wie viel Liter Saft ergeben 800 Apfelsinen?
$y = 0{,}15 \cdot 800$
$y = 120$
800 Apfelsinen ergeben 120 Liter Saft.

Kunden des Bankhauses »Safenix« stellen die Funktionsgleichung $y = 27{,}5 \cdot x$ auf.

Ergänze für die Funktionsgleichungen die Wertetabelle

$y = 4 \cdot x$

x	y
4	16
2	8
3	12
7	28
0,2	0,8
1,7	6,8
5,4	21,6

$y = 0{,}4 \cdot x$

x	y
2	0,8
0	0
4	1,6
2,1	0,84
8,5	3,4
3	1,2
9	3,6

$y = \frac{4}{5} \cdot x$

x	y
5	4
10	8
7,5	6
2,5	2
12,5	10
25	20
3	2,4

Ausführliche Erklärung zum Thema

Eine proportionale Funktion hat die Funktionsgleichung **y = m • x** mit m ≠ 0.
Ihr Graph ist eine Gerade durch den Nullpunkt.
Der Graph wird gezeichnet, indem man die Wertepaare der Funktion in das Koordinatensystem einzeichnet.

Beispiele:

y = 4 • x

x	y
0	0
1	4
2	8
2,5	10
– 1	– 4
– 2	– 8
– 2,5	– 10

y = 0,4 • x

x	y
0	0
2,5	1
5	2
10	4
– 2,5	– 1
– 5	– 2
– 10	– 4

Für die erste Funktion mit y = 4 • x trägst du in das Koordinatensystem die Punkte (0 | 0); (1 | 4); (2 | 8); (2,5 | 10); (– 1 | – 4); (– 2 | – 8) und (– 2,5 | – 10) ein und verbindest sie zu einer Geraden.

Für die zweite Funktion mit y = 0,4 • x trägst du in das Koordinatensystem die Punkte (0 | 0); (2,5 | 1); (5 | 2); (10 | 4); (– 2,5 | – 1); (– 5 | – 2) und (– 10 | – 4) ein und verbindest sie zu einer Geraden.

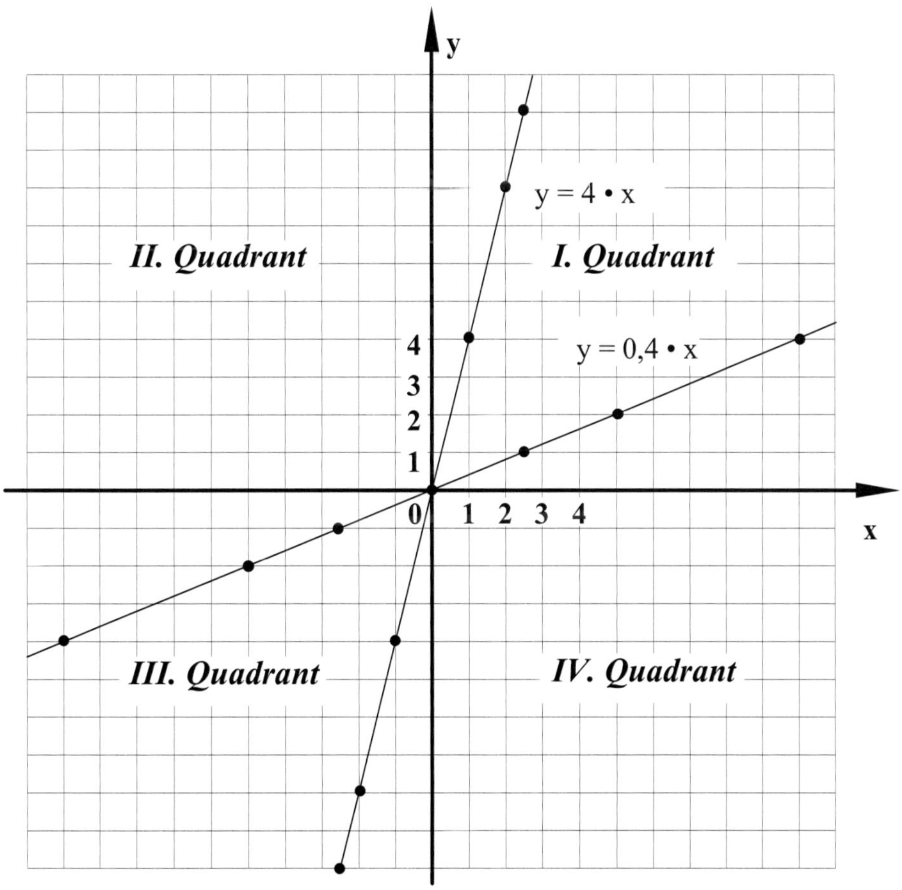

Ausführliche Erklärung zum Thema

Für alle Graphen der Funktionen mit der Gleichung $y = m \cdot x$ ($m > 0$) gilt:

- Die Graphen zu diesen Funktionen sind Geraden.
- Diese Geraden verlaufen durch den Nullpunkt.
- Die Geraden steigen alle vom III. Quadranten in den I. Quadranten.
- Je größer der Faktor m ist, umso steiler verläuft die Gerade.
- Man nennt m auch die **Steigung** einer Geraden.
- Die Steigung m bestimmt man mit Hilfe eines **Steigungsdreiecks**.
- Um den Graphen einer Funktion mit $y = m \cdot x$ zeichnen zu können, braucht man nur zwei Punkte.
- Die Steigung m ist positiv.

Wie findet man die Steigung einer Geraden mit Hilfe eines Steigungsdreiecks heraus?

Tipp Sicherlich findest du bei der entsprechenden Geraden zwei Punkte, durch die deine Gerade exakt verläuft.

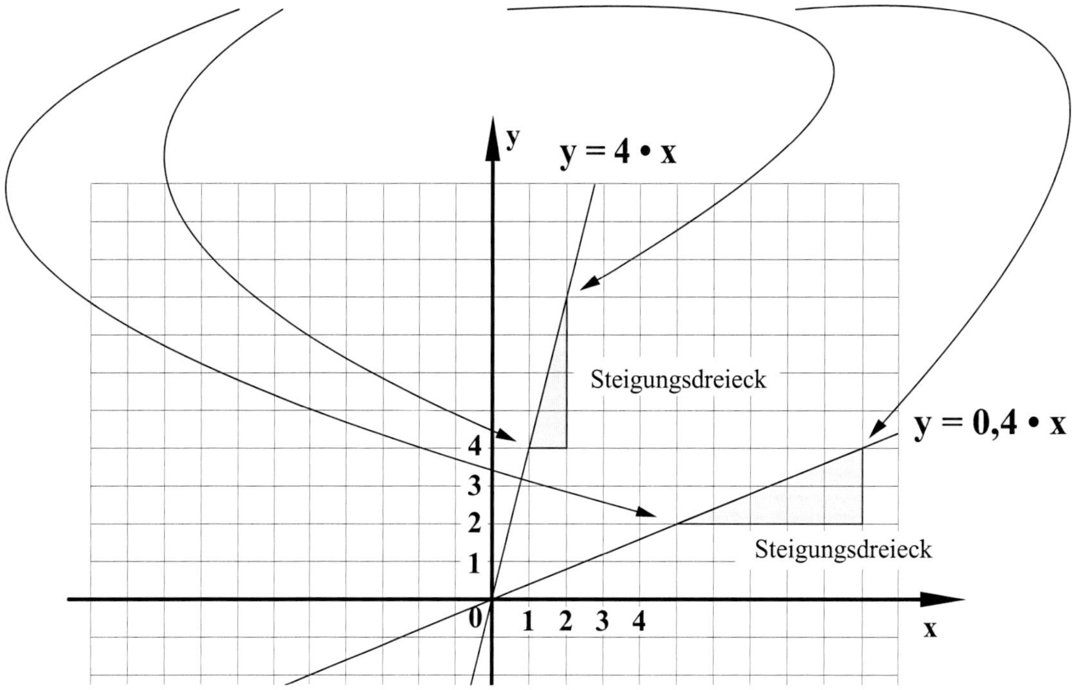

Wenn du diese beiden Punkte ausfindig gemacht hast, ist der Rest ziemlich einfach. Du zeichnest ein Dreieck ein. Dieses Dreieck könntest du mehrfach einzeichnen. Es entsteht dann eine Art Treppe. Diese Treppe hat überall die gleiche Höhe und die gleiche Breite. Wenn du die Stufenhöhe durch die Stufenbreite dividierst, erhältst du immer den gleichen Faktor m.

Stufenhöhe : Stufenbreite = 4 : 1 = 4

$$m = 4$$

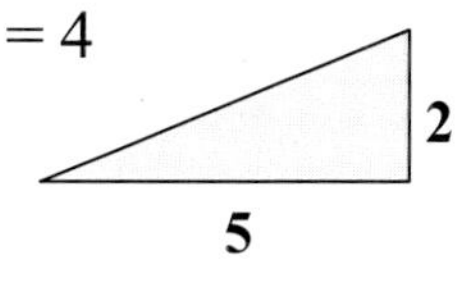

$$m = \frac{2}{5} = 0,4$$

Stufenhöhe : Stufenbreite = 2 : 5 = 0,4

Ausführliche Erklärung zum Thema

Für alle Graphen der Funktionen mit der Gleichung $y = m \cdot x$ ($m < 0$) gilt:

- Die Graphen zu diesen Funktionen sind Geraden.
- Diese Geraden verlaufen durch den Nullpunkt.
- Die Geraden **fallen** vom II. Quadranten in den IV. Quadranten.
- Die Steigung m wird negativ.

Tipp

Den Unterschied zwischen steigenden und fallenden Geraden kannst du dir ganz einfach merken. Stelle dir vor, die Geraden seien Straßen, die du mit dem Fahrrad befährst. Du startest immer auf der linken Seite des Koordinatensystems. Wenn du dich beim Fahren nicht anstrengen musst, dann fällt die Gerade. Die Steigung ist negativ. Musst du aber bergauf strampeln und dich gehörig anstrengen, dann steigt die Gerade. Alles klar?

Beispiele:

$y = -3 \cdot x$

x	y
0	0
1	– 3
2	– 6
3	– 9
– 1	3
– 2	6
– 3	9

$y = -\frac{1}{3} \cdot x$

x	y
0	0
3	– 1
6	– 2
9	– 3
– 3	1
– 6	2
– 9	3

Tipp

Immer links starten

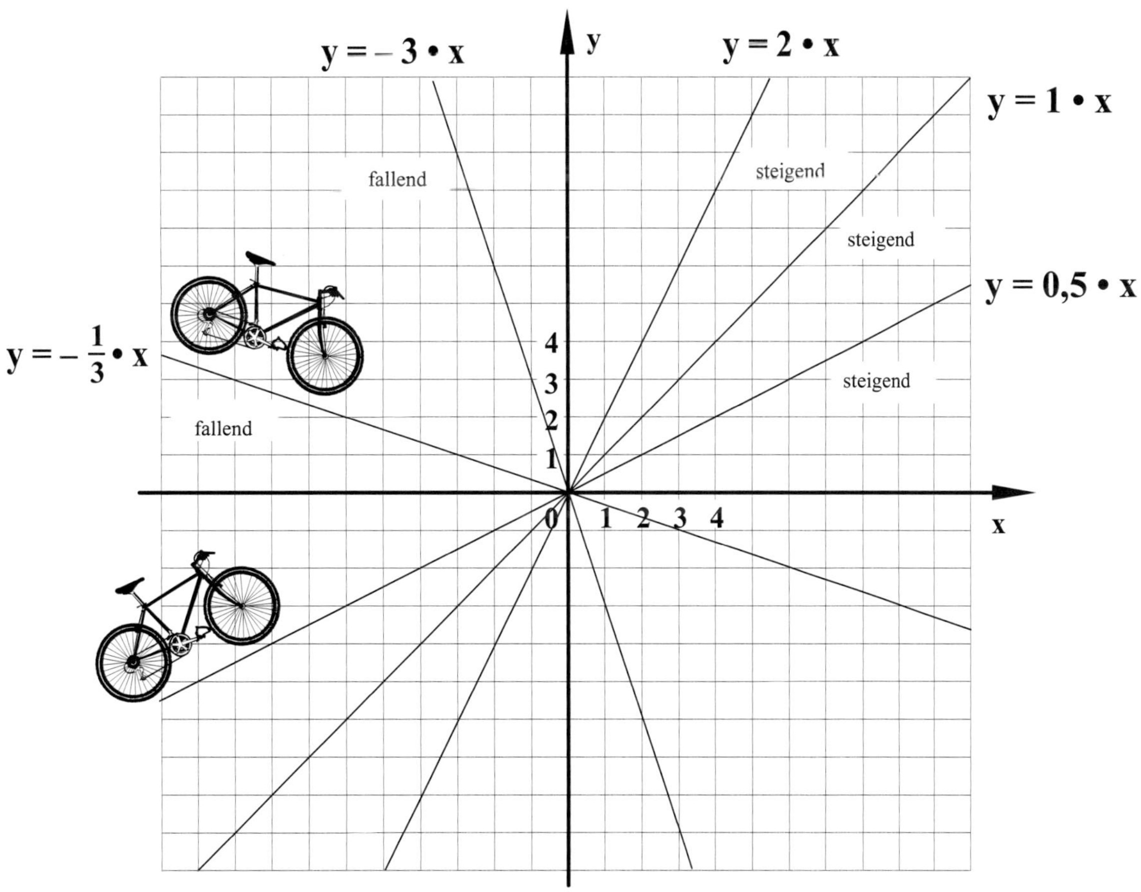

Ausführliche Erklärung zum Thema

Eine Funktion mit der Gleichung **y = m • x + b** heisst **lineare Funktion**. Ihr Graph ist eine Gerade mit der Steigung m, welche die y-Achse im Punkt P(0 | b) schneidet. Man nennt die Konstante b den **y-Achsenabschnitt** der Geraden.

Beispiele:

$y = 1{,}5 \cdot x + 3$ ist eine Gerade mit der Steigung 1,5, welche die y-Achse im Punkt (0 | 3) schneidet.

x	y
0	3
2	6
– 4	3

$y = -\frac{3}{5} \cdot x - 4$ ist eine Gerade mit der Steigung – 0,6, welche die y-Achse im Punkt (0 | – 4) schneidet.

x	y
0	– 4
5	– 7
– 5	– 1

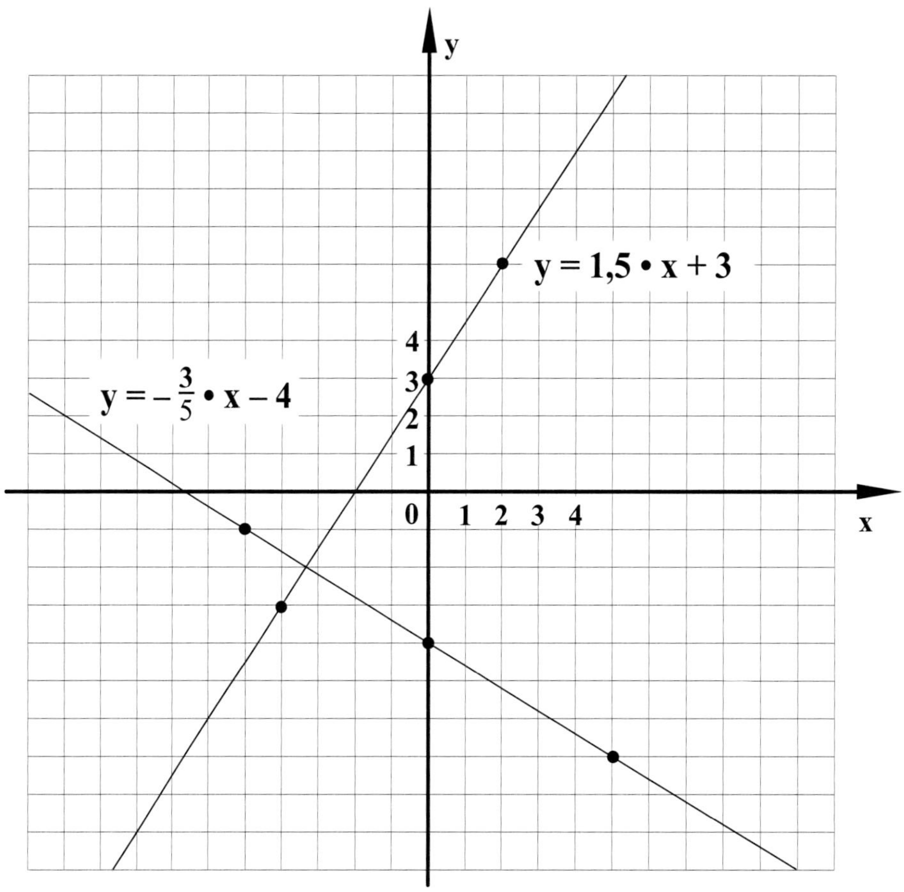

Ausführliche Erklärung zum Thema

Tipp zum schnellen Zeichnen der Graphen linearer Funktionen des Typs y = m • x + b

$$y = 2x - 5$$

Du benötigst zwei Punkt im Koordinatensystem, um die Gerade zeichnen zu können.

Den einen Punkt kannst du sofort einzeichnen.
Es ist der Schnittpunkt der Geraden mit der y-Achse. Punkt P(0 | – 5)

Den zweiten Punkt findest du, indem du für x eine beliebige, aber geschickt gewählte Zahl ungleich Null in die Gleichung y = 2 • x – 5 einsetzt.

Was heißt geschickt?

Du solltest x nicht zu groß wählen.

x = 20 wäre absoluter Quatsch, weil dein Koordinatensystem nicht so groß ist.
x = 1 liegt zu nahe am Nullpunkt, da hast du schon den Punkt P markiert.
x = 4 wäre ganz gut, das kannst du noch ohne Taschenrechner ausrechnen.
y = 2 • 4 – 5.
Ein zweiter Punkt Q(4 | 3) ist somit gefunden. Markieren, verbinden zu einer Geraden, fertig.

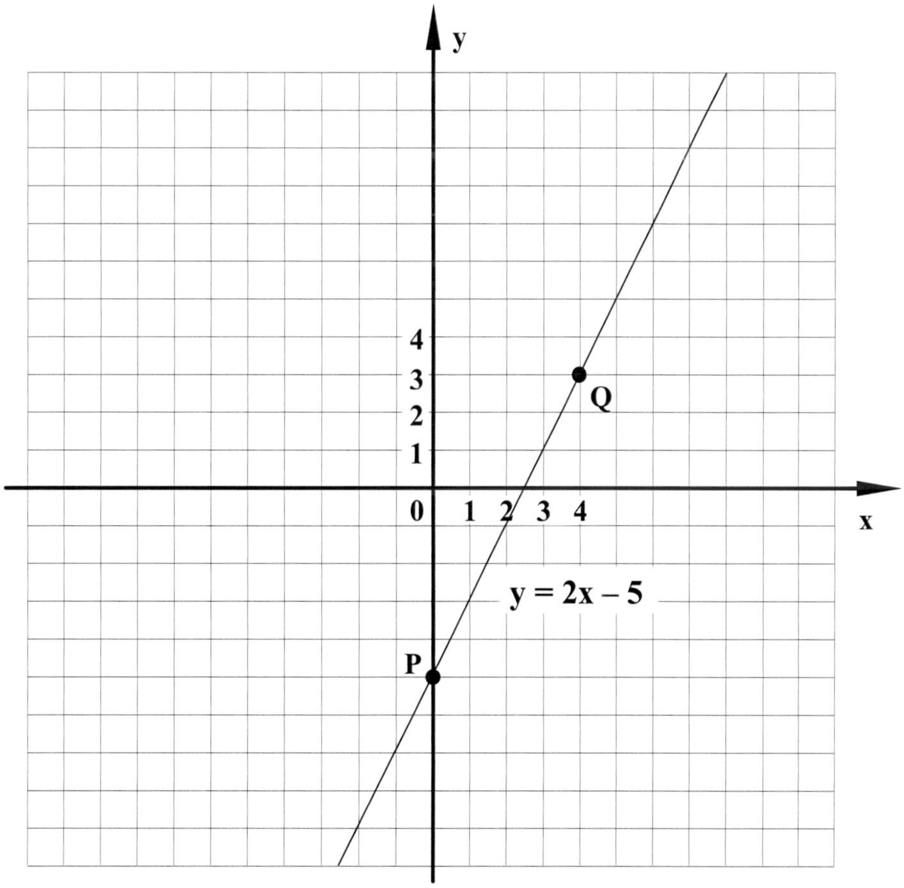

Ausführliche Erklärung zum Thema

Tipp zur Berechnung einer Funktionsgleichung, wenn die Steigung m und ein Punkt P gegeben sind.

Beispiel:

m = – 1,5, P(7|5)

Du stellst die Funktionsgleichung

y = – 1,5x + b

auf und setzt jetzt für x bzw. y den Wert 7 bzw. 5 ein.

$5 = -1{,}5 \cdot 7 + b$

$5 = -10{,}5 + b$

$16{,}5 = b$

Du erhältst die gewünschte Funktionsgleichung y = – 1,5x + 16,5.

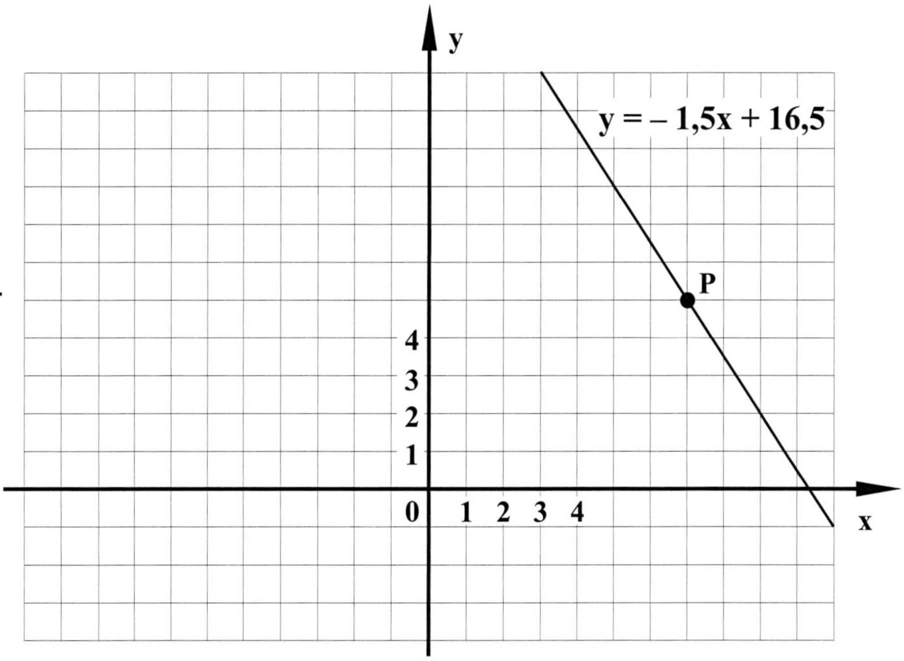

Tipp zur Berechnung einer Funktionsgleichung, wenn zwei Punkte P und Q gegeben sind.

Beispiel:

$P_1(-8|2)$, $P_2(-5|-2)$

Du kannst die Steigung m des Graphen mithilfe eines Steigungsdreiecks ermitteln.

$$m = \frac{y_2 - y_1}{x_2 - x_1}$$

Setze $y_2 = -2$; $y_1 = 2$; $x_2 = -5$; $x_1 = -8$ ein.

$$m = \frac{-2-2}{-5-(-8)}$$

$$m = \frac{-4}{3}$$

$$m = -\frac{4}{3}$$

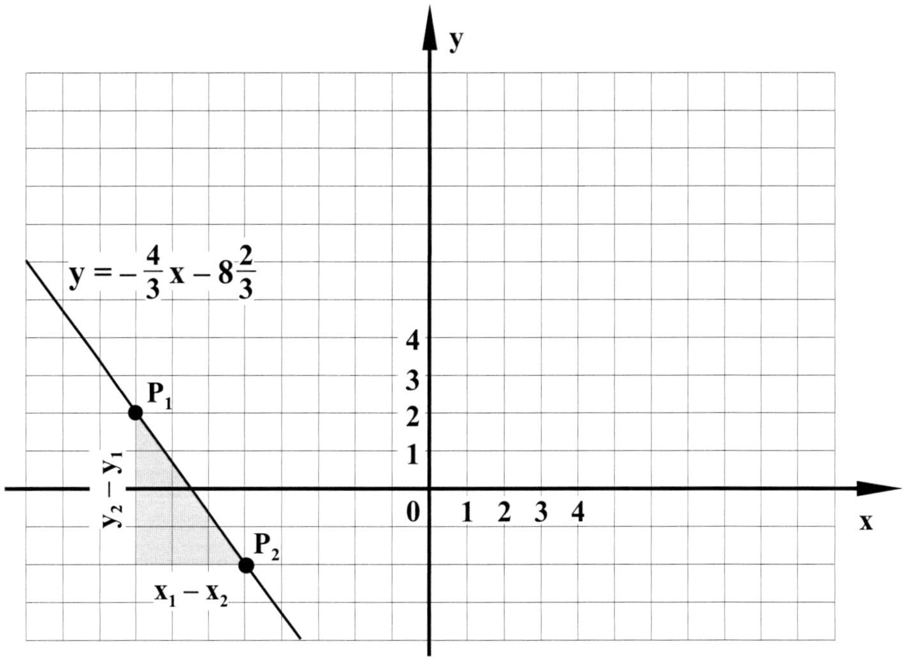

Den y-Achsenabschnitt b erhältst du, indem du die Koordinaten eines der beiden Punkte in die Funktionsgleichung einsetzt (s. oben).

$y = -\frac{4}{3}x + b$

$2 = -\frac{4}{3} \cdot (-8) + b$

$b = -8\frac{2}{3}$

Du erhältst die gewünschte Funktionsgleichung $y = -\frac{4}{3}x - 8\frac{2}{3}$.

Ausführliche Erklärung zum Thema

Tipp zum schnellen Erkennen der Funktionsgleichung eines Graphen

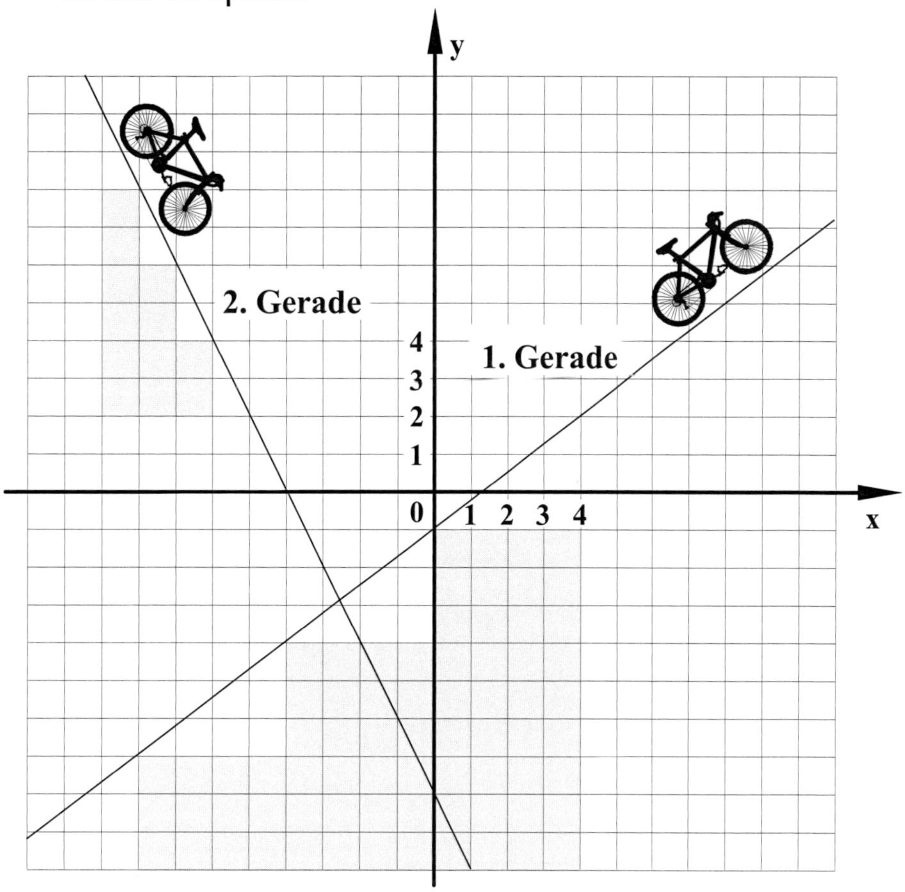

Du siehst ganz schnell, dass die 1. Gerade die y-Achse im Punkt P(0 | – 1) schneidet. Die Funktionsgleichung heißt zunächst y = m • x – 1.

Ebenso schnell ermittelst du, dass die 2. Gerade die y-Achse im Punkt P(0 | – 8) schneidet. Die Funktionsgleichung heißt zunächst y = m • x – 8.

Die erste Gerade steigt, die 2. Gerade fällt. Denke an das Fahrrad!

Von allen möglichen Treppen, die es gibt und die du dir denken kannst, passen die beiden abgebildeten in den jeweiligen Graphen hinein. Stelle die Stufenhöhe und die Stufenbreite fest.

Stufenhöhe 3
Stufenbreite 4
Steigung m = 3 : 4 = 0,75
oder m = $\frac{3}{4}$

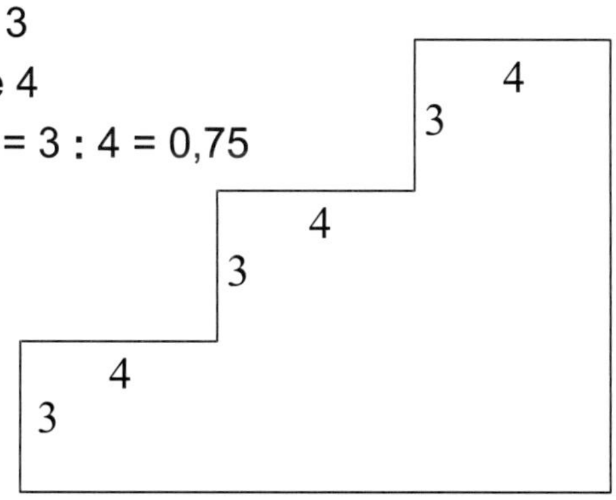

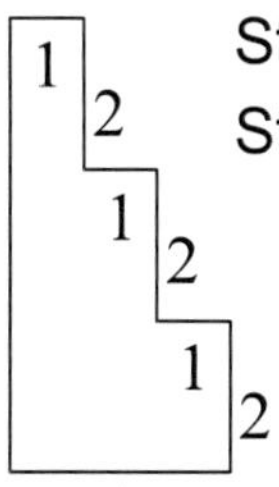

Stufenhöhe 2
Stufenbreite 1
Steigung m = 2 : 1 = 2

1. Gerade: y = 0,75x – 1   **2. Gerade: y = – 2x – 8**

Ausführliche Erklärung zum Thema

Hier siehst du den Graphen einer **stückweise linearen** Funktion. Warum man diese Funktion als stückweise linear bezeichnet, dürfte dir klar sein.

$y = -0{,}5x + 1{,}5$ für $x \leq -5$

$y = 3x + 19$ für $-5 < x \leq -4$

$y = -1{,}5x + 1$ für $-4 < x \leq 2$

$y = -0{,}2x - 1{,}6$ für $2 < x$

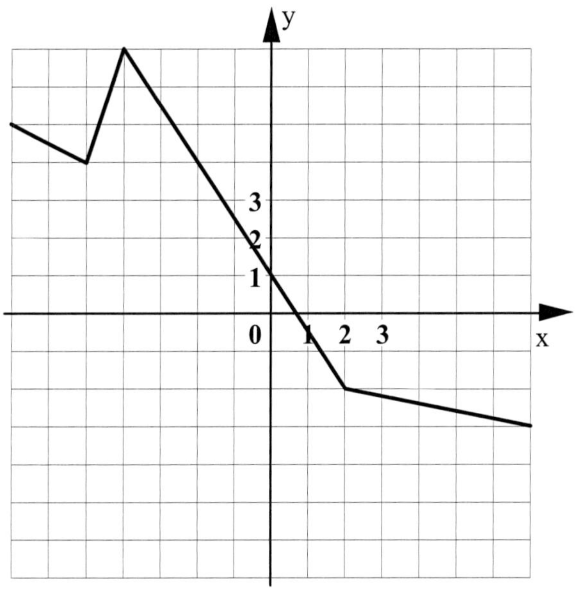

Beispiele aus dem Alltag

Hier siehst du den graphischen Fahrplan für drei verschiedene Züge. Sicherlich gelingt es dir, den jeweils stückweise linearen Funktionen die gewünschten Informationen zu entlocken.

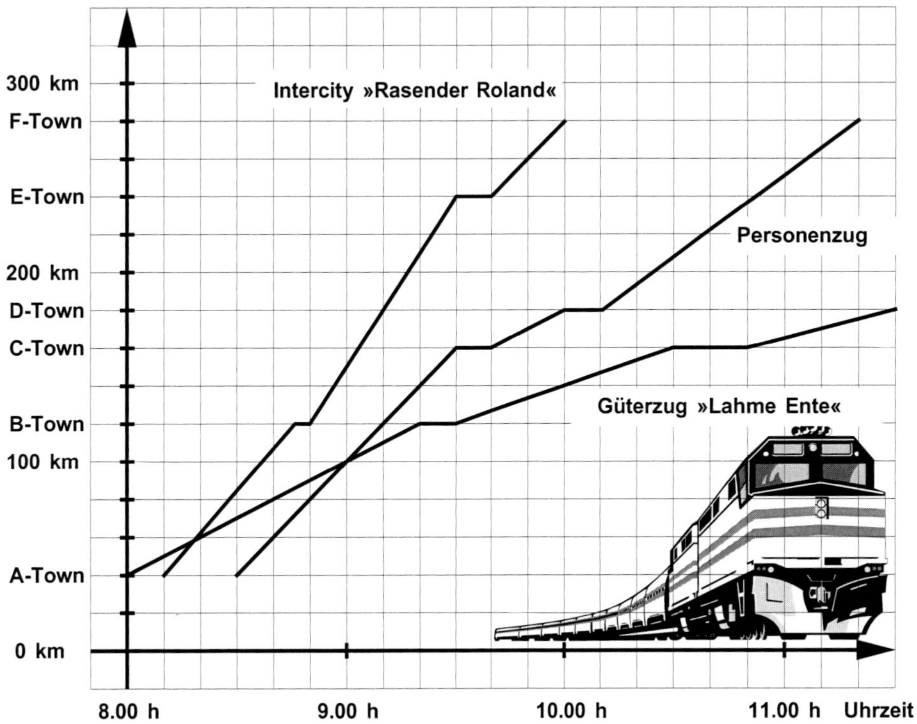

a) Wohin fährt der Güterzug und wo macht er wie lange Pause? Welche Strecke legt er zurück? Wie hoch ist die Geschwindigkeit zwischen B-Town und C-Town?

b) Wohin fährt der Personenzug und wo macht er wie lange Pause? Welche Strecke legt er zurück? Wie hoch ist die Geschwindigkeit zwischen D-Town und F-Town?

c) Wohin fährt der Intercity und wo macht er wie lange Pause? Welche Strecke legt er zurück? Wie hoch ist die Geschwindigkeit zwischen B-Town und E-Town?

d) Zu welchem Zeitpunkt überholt der Personenzug den Güterzug?

e) Um wie viel Uhr fährt der Intercity in A-Town ab?

f) Denke dir selber Fragen für deinen Nachbarn aus!

a) Er fährt von A-Town nach D-Town, 140 km, 10 Minuten Pause in B-Town, 20 Minuten in C-Town, 40 km/h.
b) Er fährt von A-Town nach F-Town, 240 km, 10 Minuten Pause in C- und D-Town, 85,7 km/h.
c) Er fährt von A-Town nach F-Town, 240 km, 4 Minuten Pause in B-Town, 10 Minuten in E-Town, 180 km/h.
d) Er überholt um 9.00 h.
e) Er fährt um 8.10 h ab.
f) Na, ist dir was eingefallen?

Handout

Lineare Funktionen werden i. A. durch Gleichungen der Form $y = mx + b$ beschrieben.
$y = mx + b$ heisst die **Normalform** der linearen Funktionsgleichung.
Der Graph einer solchen Funktion ist eine Gerade.
Dabei gibt b an, wo die Gerade die y-Achse schneidet.

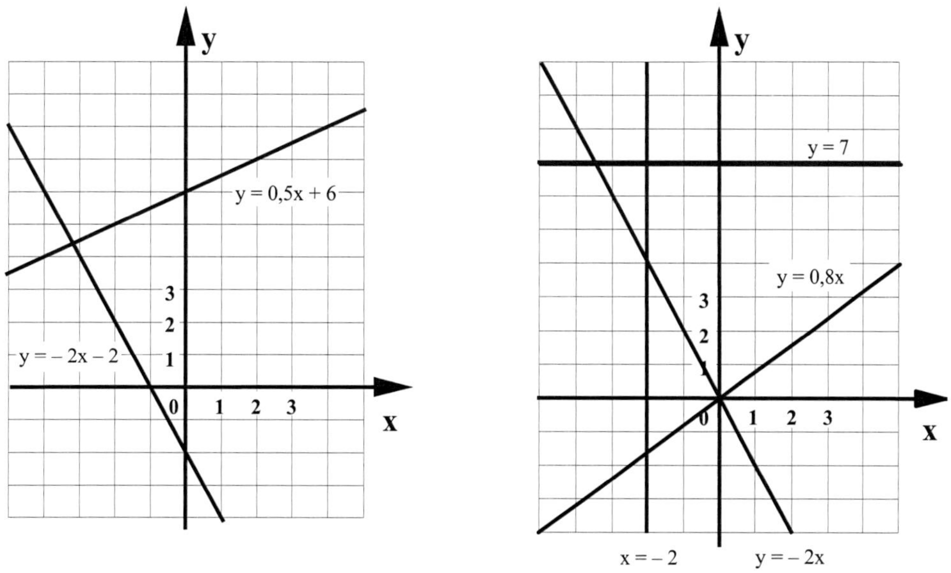

Ist $b = 0$, dann verläuft die Gerade durch den **Nullpunkt**. Die Funktion hat dann die Gleichung $y = mx$. Man nennt sie auch **Ursprungsgerade** (z. B. y = 0,8x).
Der Faktor m in $y = mx$ bzw. $y = mx + b$ bestimmt die Steigung des Graphen.
Bei positivem m ($m > 0$) steigt, bei negativem m ($m < 0$) fällt die Gerade.
Eine Gerade steigt (fällt) umso stärker, je größer der Betrag von m ist. Alle Geraden mit derselben Steigung verlaufen parallel.

Geraden, die parallel zur x-Achse verlaufen, werden durch y = a beschrieben (z. B. y = 7).
Geraden, die parallel zur y-Achse verlaufen, werden durch x = b beschrieben (z. B. x = – 2).
Das bedeutet, dass die x-Achse geschnitten wird und somit besitzt die lineare Funktion eine **Nullstelle**.

Zwei Gleichungen mit zwei Variablen bilden ein **lineares Gleichungssystem**, wenn die beiden Gleichungen lineare Funktionsgleichungen sind.

I. $y = -2x + 3$

II. $y = 3x + 8$

Die beiden Gleichungen mit den Variablen x und y stellen sich im Koordinatensystem durch zwei Geraden dar.
Die Koordinaten des Schnittpunktes P(– 1 / 5) sind Lösungen für beide Gleichungen.
Das Zahlenpaar (– 1 / 5) heisst Lösung des Gleichungssystems.

Handout

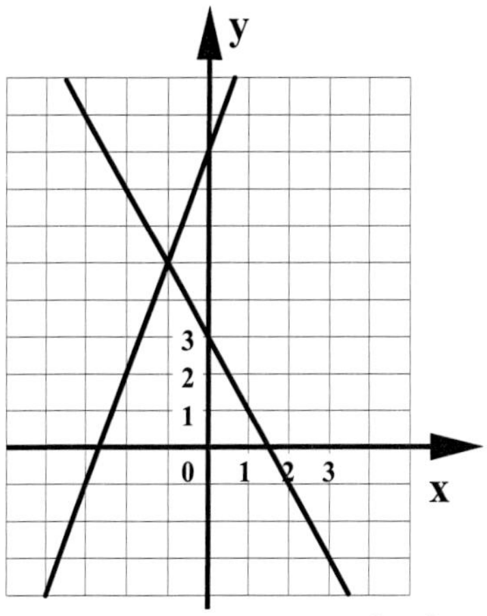

$y = 3x + 8$ $y = -2x + 3$

Für die beiden Geraden eines linearen Gleichungssystems gilt genau **einer** der **drei** Fälle:

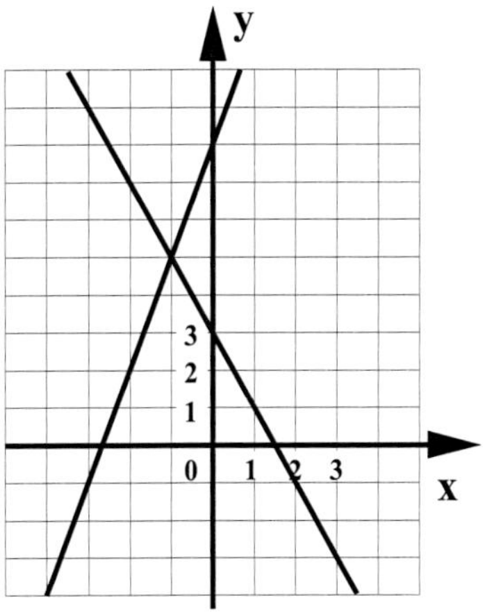

Es gibt genau eine Lösung.
Die beiden zugehörigen Geraden schneiden sich in einem Punkt.

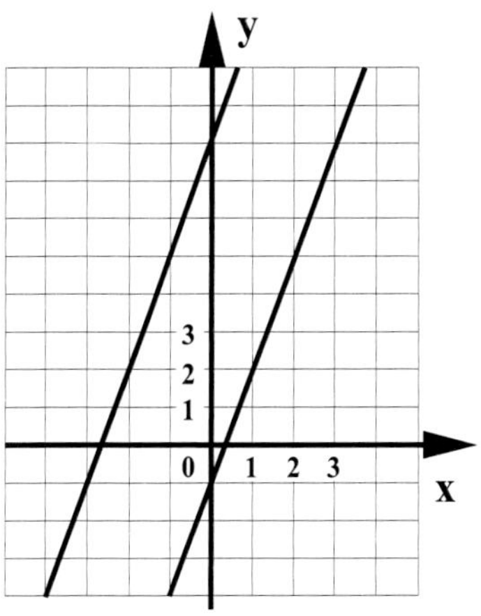

Es gibt keine Lösung.
Die beiden zugehörigen Geraden sind zueinander parallel und haben keinen gemeinsamen Punkt.

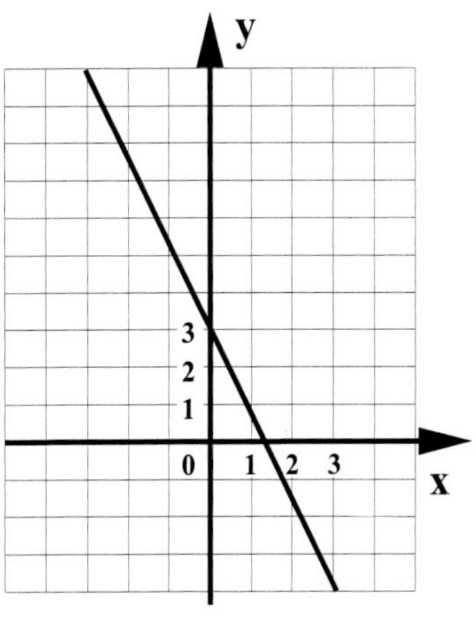

Es gibt unendlich viele Lösungen.
Die beiden Geraden fallen zusammen, d. h. sie liegen »aufeinander«.

Bastelanleitung zum Funktionenschieber

Mathematikunterricht sollte darauf abzielen, den Unterrichtsstoff anschaulich, abwechslungsreich und handlungsorientiert zu vermitteln. Hilfreich bei der Vermittlung des Themenkreises »Lineare Funktionen« ist der sogenannte Funktionenschieber, der im Folgenden vorgestellt wird.

Man benötigt Folientaschen des Formats DIN A 6, welche beispielsweise in einer Apotheke oder im Schreibwarenhandel erhältlich sind.

Die Folientaschen werden wie folgt »verarbeitet«:

Schneidet den verschlossenen und den gegebenenfalls überlappenden Teil der Folientasche ab.

Nehmt im hinteren Bereich großzügig alles weg, damit nur Führungsstege von ca. 1,5 cm Breite entstehen.

Schneidet mit einem Cuttermesser eine ca. 1 mm breite Führungsschiene aus.

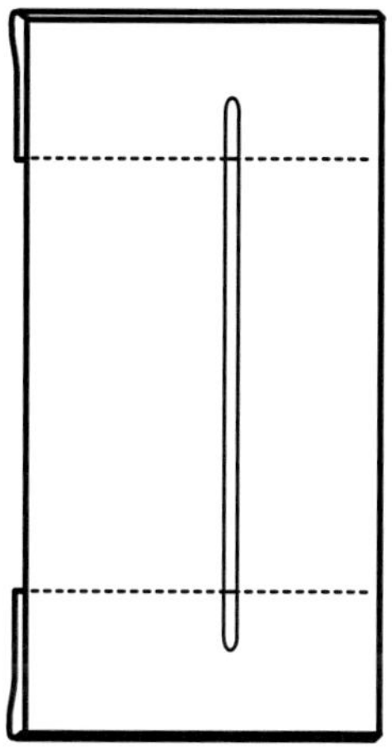

Von Bastelvorlage A wird das Koordinatensystem auf stärkerem Karton kopiert und so ausgeschnitten, dass es sich problemlos in der bearbeiteten Folientasche bewegen lässt.

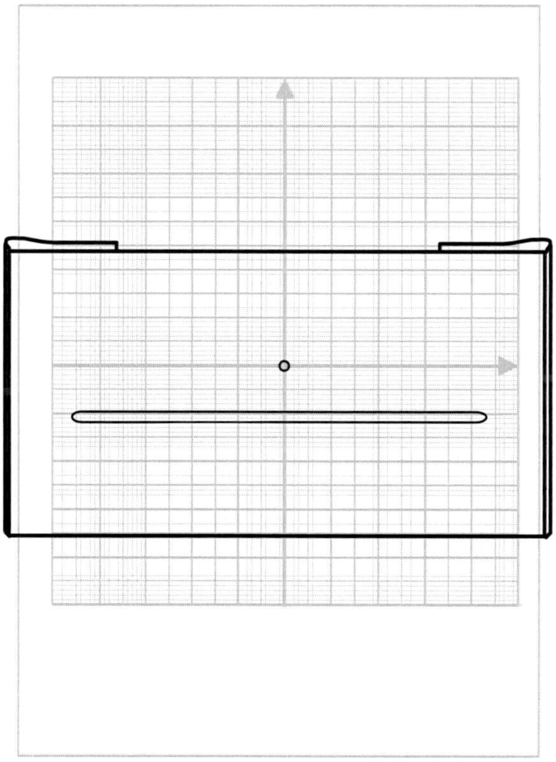

Markiert mit einem Filzschreiber auf der Folientasche, wo sich der Ursprung des Koordinatensystems befindet. Die Folientasche wird an dieser Stelle mit einer Lochstanze (Durchmesser 2 mm), wie sie in jedem Baumarkt zu kaufen ist, duchbohrt - leichter Hammerschlag genügt. Verwendet aber eine harte Unterlage, damit die Stanze nicht etwa auf darunterliegende Möbel Löcher stanzt.

Bastelanleitung zum Funktionenschieber

Kopiert von Bastelvorlage A die Geraden auf eine Overheadfolie. Stanzt sie an den markierten Stellen und schneidet die einzelnen Geraden aus.
Besorgt euch pro Funktionenschieber einen Plastikdruckknopf. Man erhält sie in Kaufhäusern mit Nähbedarf.
Mit diesem Plastikdruckknopf befestigt ihr eine Gerade mit dem Schieber. Die Gerade kann jetzt gedreht werden.

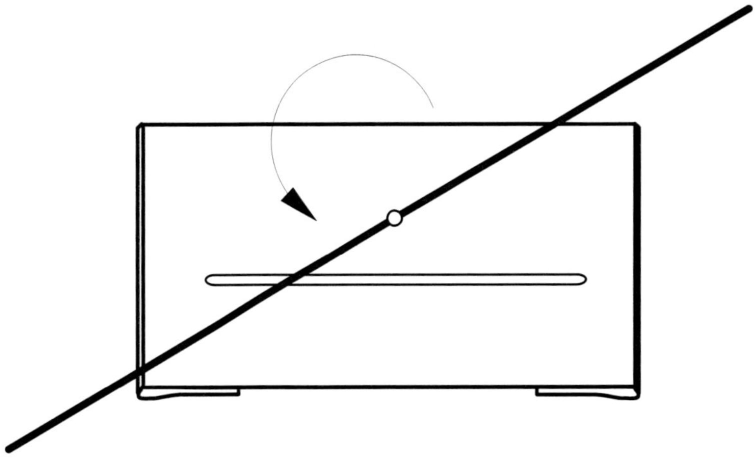

Schiebt das kartonierte Blatt mit dem Koordinatensystem so ein, dass der Ursprung und die Mitte des Plastikdruckknopfs zur Deckung kommen.
Es lassen sich nun durch Drehen des Folienteils alle Funktionen des Typs $y = mx$ darstellen.
Durch Verschieben des Plastikteils nach oben und unten und Drehen des durch den Plastikdruckknopf beweglichen Folienteils lassen sich problemlos Funktionen des Typs $y = mx + b$ und $y = b$ darstellen.

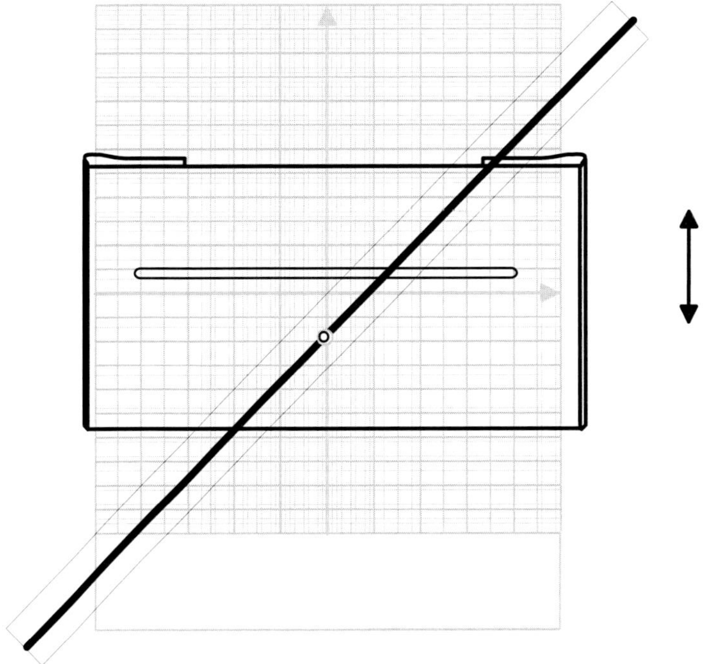

Bastelanleitung zum Funktionenschieber

Wenn ihr Funktionen des Typs $y = a$ veranschaulichen wollt oder die Palette um Funktionen des Typs $y = mx + b$ erweitern möchtet, dann fixiert das Folienteil »Gerade« nicht in dem vorgestanzten Loch, sondern in der Führungsschiene. Probiert doch einfach ein paar Möglichkeiten durch.

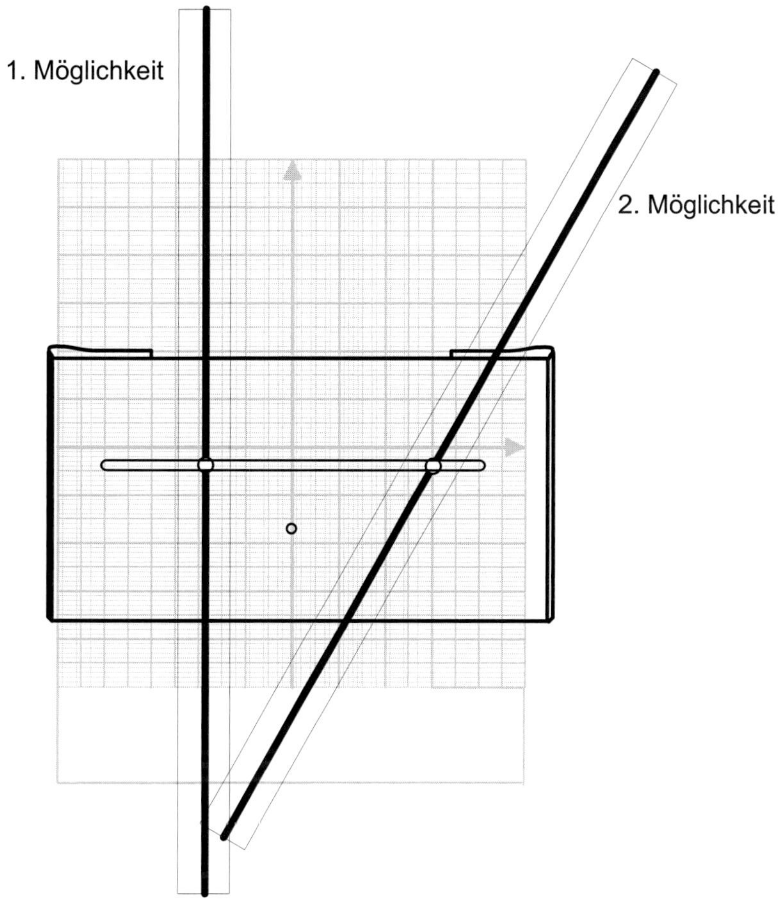

Ein Modell für die Overheadprojektion ist schnell erstellt, wenn man statt des kartonierten Koordinatensystems eine Folie erstellt und einschiebt.

Mithilfe des Funktionenschiebers könnt ihr die folgenden Stoffgebiete erarbeiten:

- Lineare Funktionen des Typs $y = mx$
- Behandlung Steigungsdreieck, Steigung
- Demonstration postive Steigung, negative Steigung
- »Legen« von Ursprungsgeraden
- Lineare Funktionen des Typs $y = mx + b$
- »Legen« von Graphen mit Hilfe von m und b
- Nullstellen linearer Funktionen
- Wann sind lineare Funktionen parallel?
- Bestimmen von Funktionsgleichungen zu vorgegebenen Graphen
- »Legen« von Funktionen des Tys $y = mx + b$
- Graphische Lösung von Gleichungen mit zwei Variablen
- Sonderfälle von linearen Gleichungen

Bastelvorlage A (Funktionenschieber)

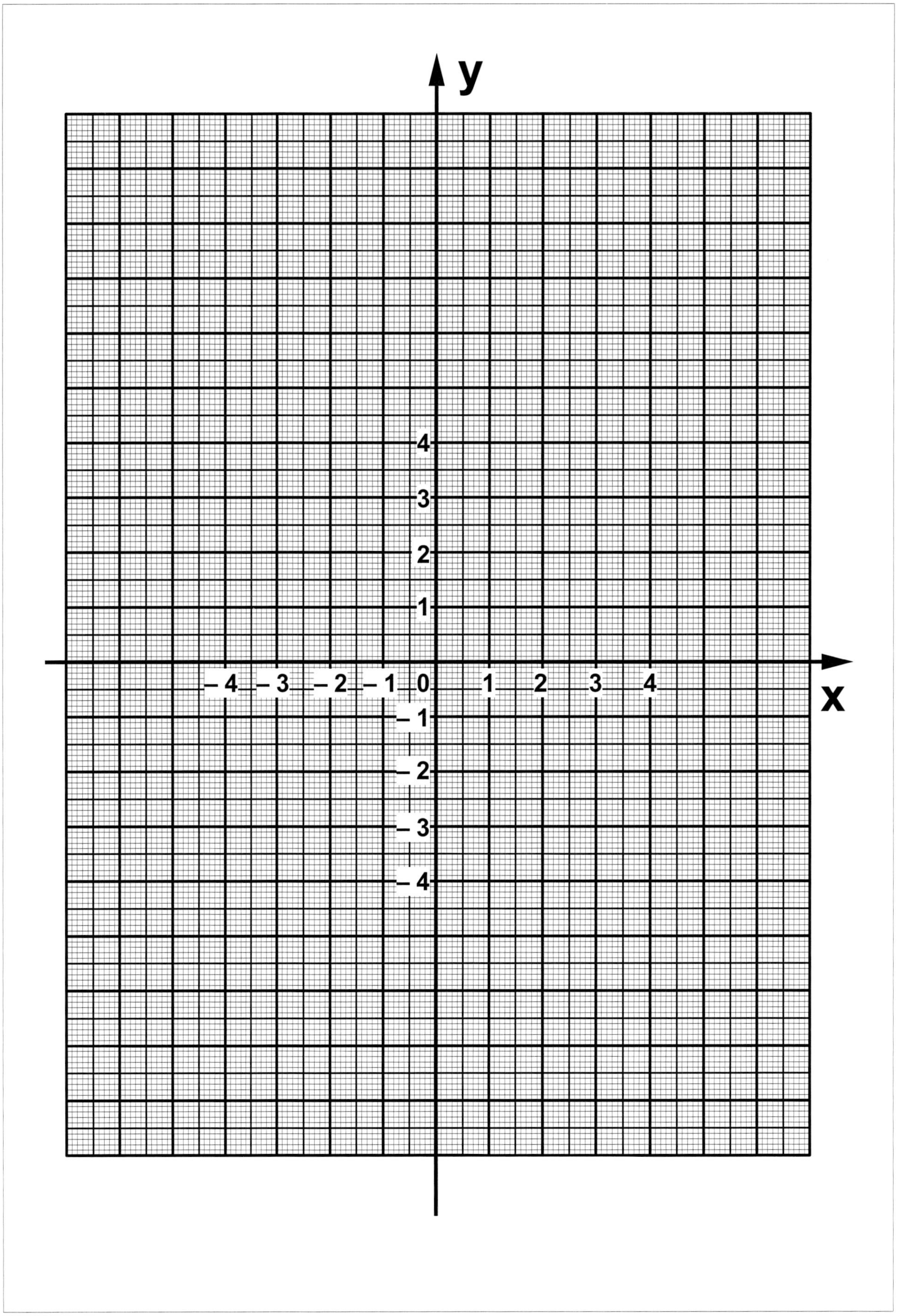

○ an dieser Stelle mit einer Stanze lochen

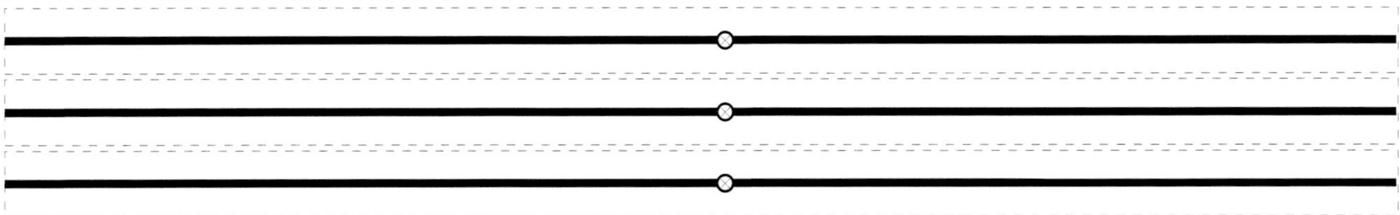

Stationen-Laufzettel

Name: ______________________________ **Datum:** _________________________

Grundaufgaben !

Station	Themenbereich	erledigt ✓	korrigiert ✓

Expertenaufgaben: ★

Station	Themenbereich	erledigt ✓	korrigiert ✓

Station A1

Vervollständige die Wertetabellen für die Funktionsgleichungen
a) $y = 1{,}5x$
b) $y = 0{,}2x$
und zeichne die Geraden.

y = 1,5x

x	y
0	
2	
4	
– 2	
– 4	

y = 0,2x

x	y
0	
3	
5	
– 2	
– 5	

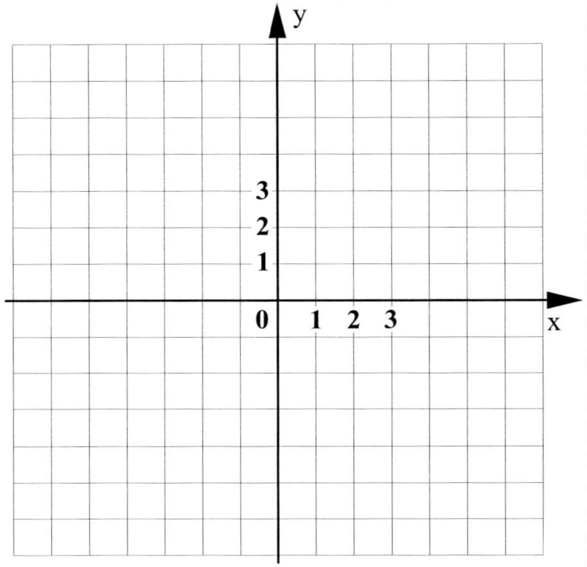

Station A2

Vervollständige die Wertetabellen für die Funktionsgleichungen
a) $y = -0{,}5x$
b) $y = \frac{2}{3}x$
und zeichne die Geraden.

y = – 0,5x

x	y
0	
4	
6	
– 2	
– 6	

y = $\frac{2}{3}$x

x	y
0	
3	
– 3	
– 6	
6	

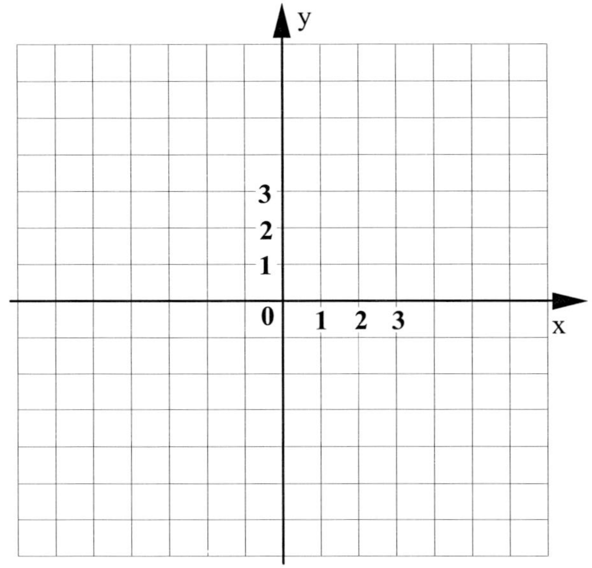

Station A1

Berechne nacheinander

1,5 • 0	0,2 • 0
1,5 • 2	0,2 • 3
1,5 • 4	0,2 • 5
1,5 • (– 2)	0,2 • (– 2)
1,5 • (– 4)	0,2 • (– 5)

Trage die Ergebnisse in die Tabelle ein, zeichne die Punkte ins Koordinatensystem und verbinde zu einer Geraden.

y = 1,5x

x	y
0	0
2	3
4	6
– 2	– 3
– 4	– 6

y = 0,2x

x	y
0	0
3	0,6
5	1
– 2	– 0,4
– 5	– 1

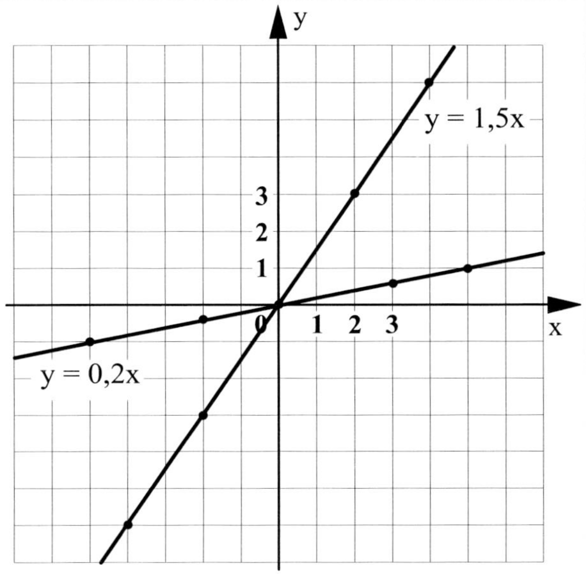

Station A2

Berechne nacheinander

(– 0,5) • 0	$\frac{2}{3}$ • 0
(– 0,5) • 4	$\frac{2}{3}$ • 3
(– 0,5) • 6	$\frac{2}{3}$ • (– 3)
(– 0,5) • (– 2)	$\frac{2}{3}$ • (– 6)
(– 0,5) • (– 6)	$\frac{2}{3}$ • 6

Trage die Ergebnisse in die Tabelle ein, zeichne die Punkte ins Koordinatensystem und verbinde zu einer Geraden.

y = – 0,5x

x	y
0	0
4	– 2
6	– 3
– 2	1
– 6	3

y = $\frac{2}{3}$x

x	y
0	0
3	2
– 3	– 2
– 6	– 4
6	4

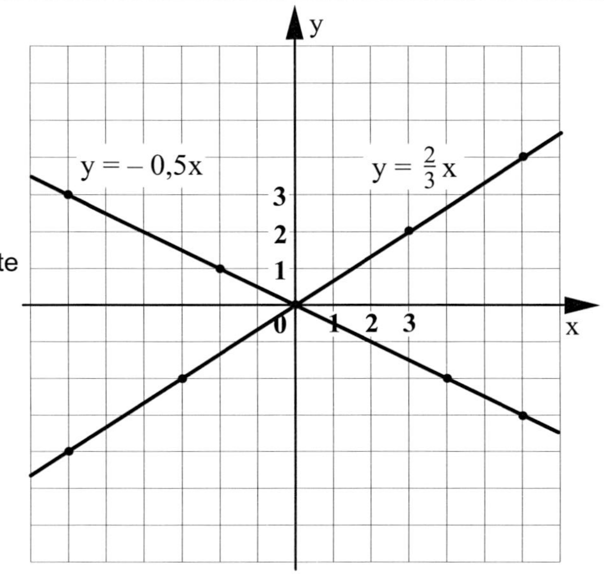

Station A3

Vervollständige die Wertetabellen für die Funktionsgleichungen

a) $y = -\frac{4}{3}x$

b) $y = \frac{5}{4}x$

und zeichnet die Geraden.

$y = -\frac{4}{3}x$

x	y
0	
3	
6	
– 3	
– 6	

$y = \frac{5}{4}x$

x	y
0	
4	
– 4	
6	
– 6	

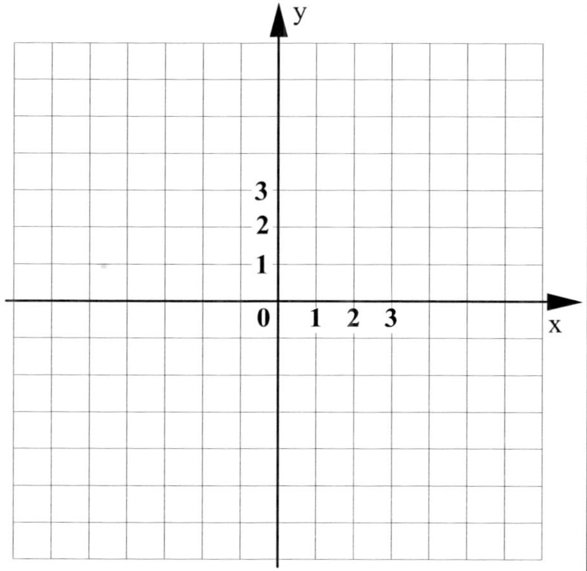

Station A4

Vervollständigt die Wertetabellen für die Funktionsgleichungen

a) $y = -\frac{5}{2}x$

b) $y = \frac{3}{4}x$

und zeichnet die Geraden.

$y = -\frac{5}{2}x$

x	y
0	
1	
– 1	
2	
– 2	

$y = \frac{3}{4}x$

x	y
0	
4	
– 4	
6	
– 2	

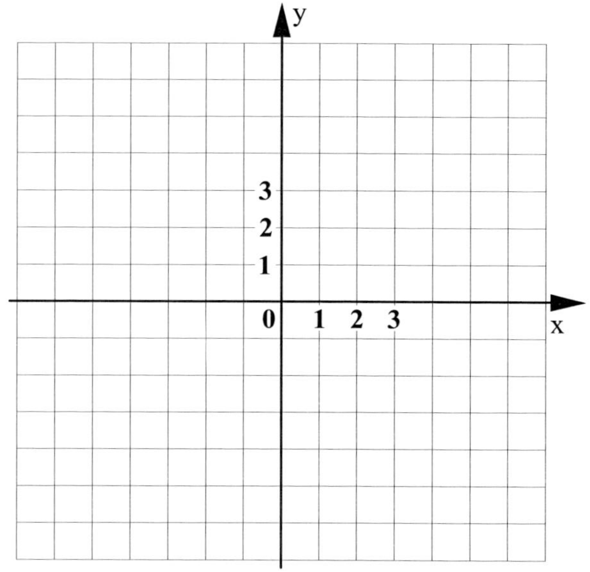

Station A3

Berechne nacheinander

$(-\frac{4}{3}) \cdot 0$ $\frac{5}{4} \cdot 0$

$(-\frac{4}{3}) \cdot 3$ $\frac{5}{4} \cdot 4$

$(-\frac{4}{3}) \cdot 6$ $\frac{5}{4} \cdot (-4)$

$(-\frac{4}{3}) \cdot (-3)$ $\frac{5}{4} \cdot 6$

$(-\frac{4}{3}) \cdot (-6)$ $\frac{5}{4} \cdot (-6)$

Trage die Ergebnisse in die Tabelle ein, zeichne die Punkte ins Koordinatensystem und verbinde zu einer Geraden.

$y = -\frac{4}{3}x$

x	y
0	0
3	– 4
6	– 8
– 3	4
– 6	8

$y = \frac{5}{4}x$

x	y
0	0
4	5
– 4	– 5
6	7,5
– 6	– 7,5

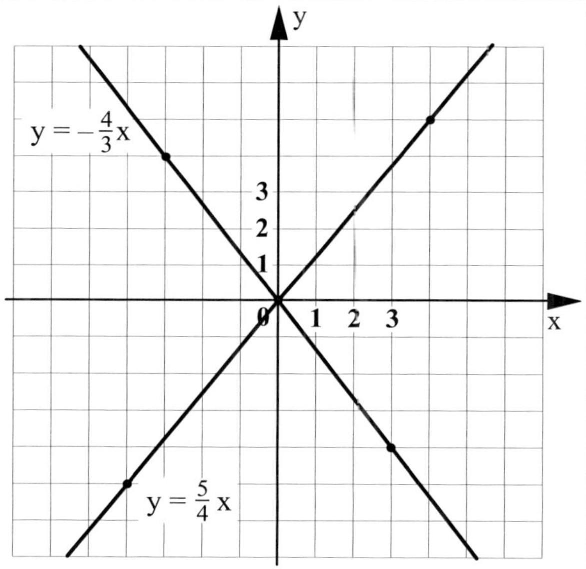

Station A4

Berechnet nacheinander

$(-\frac{5}{2}) \cdot 0$ $\frac{3}{4} \cdot 0$

$(-\frac{5}{2}) \cdot 1$ $\frac{3}{4} \cdot 4$

$(-\frac{5}{2}) \cdot (-1)$ $\frac{3}{4} \cdot (-4)$

$(-\frac{5}{2}) \cdot 2$ $\frac{3}{4} \cdot 6$

$(-\frac{5}{2}) \cdot (-2)$ $\frac{3}{4} \cdot (-2)$

Tragt die Ergebnisse in die Tabelle ein, zeichnet die Punkte ins Koordinatensystem und verbindet zu einer Geraden.

$y = -\frac{5}{2}x$

x	y
0	0
1	– 2,5
– 1	2,5
2	– 5
– 2	5

$y = \frac{3}{4}x$

x	y
0	0
4	3
– 4	– 3
6	4,5
– 2	– 1,5

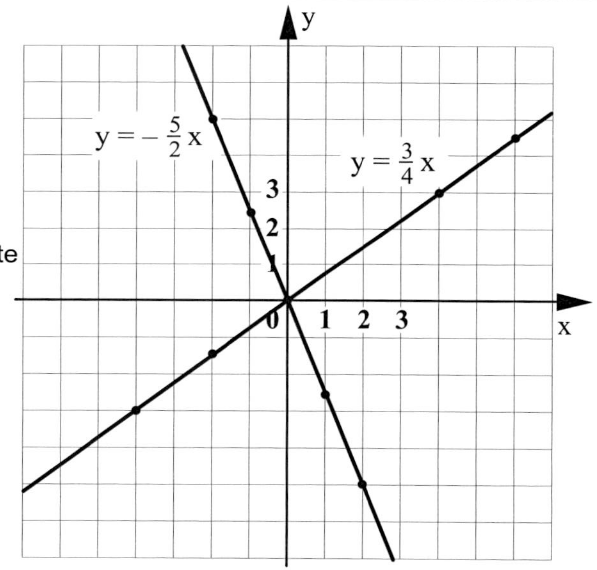

Station B1

Zeichne geeignete Steigungsdreiecke ein und bestimme die Funktionsgleichungen der beiden Graphen.

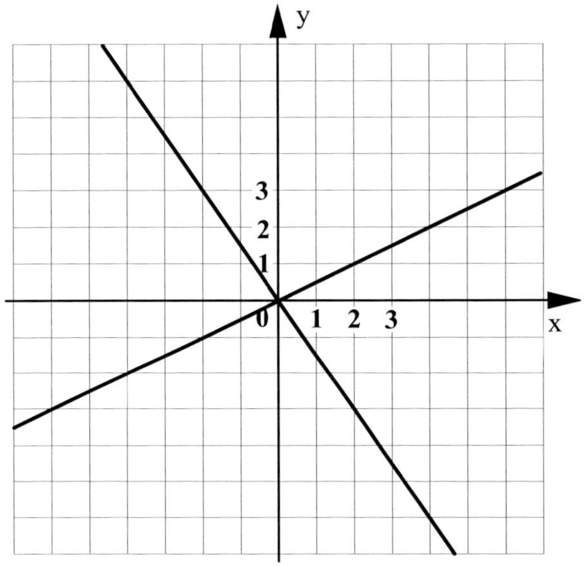

Station B2

Zeichne geeignete Steigungsdreiecke ein und bestimme die Funktionsgleichungen der beiden Graphen.

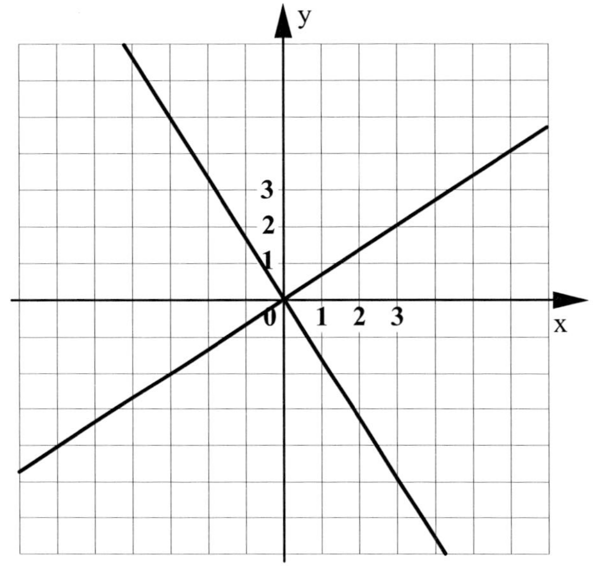

Station B1

Das erste Steigungsdreieck hat eine Stufenhöhe von 1 und eine Stufenbreite von 2. Da die Gerade durch den 1. und 3. Quadranten verläuft, ist die Steigung positiv.
$m = 0{,}5$ oder $m = \frac{1}{2}$.

Das zweite Steigungsdreieck hat eine Stufenhöhe von 3 und eine Stufenbreite von 2. Da die Gerade durch den 2. und 4. Quadranten verläuft, ist die Steigung negativ.
$m = -1{,}5$ oder $m = -\frac{3}{2}$.

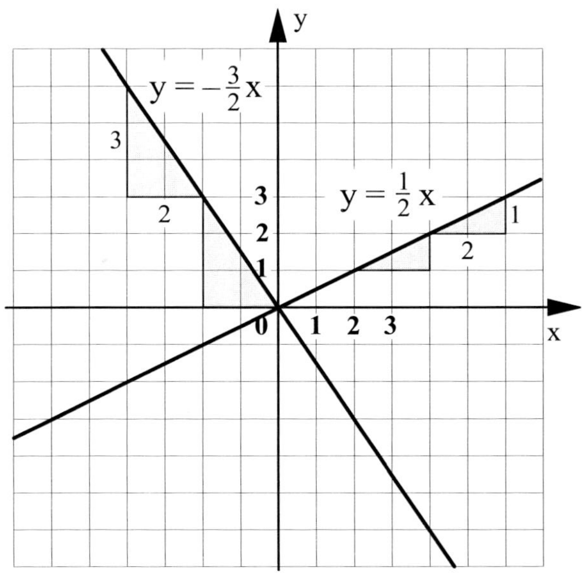

Station B2

Das erste Steigungsdreieck hat eine Stufenhöhe von 2 und eine Stufenbreite von 3. Da die Gerade durch den 1. und 3. Quadranten verläuft, ist die Steigung positiv.
$m = \frac{2}{3}$.

Das zweite Steigungsdreieck hat eine Stufenhöhe von 5 und eine Stufenbreite von 3. Da die Gerade durch den 2. und 4. Quadranten verläuft, ist die Steigung negativ.
$m = -\frac{5}{3}$.

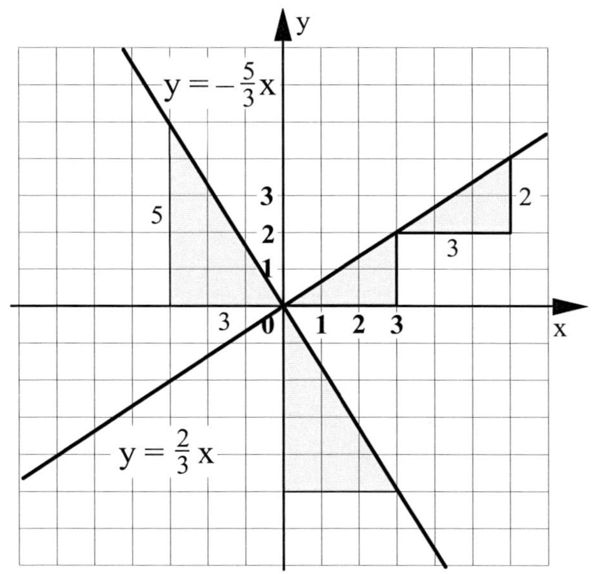

Station B3

Zeichne geeignete Steigungsdreiecke ein und bestimme die Funktionsgleichungen der beiden Graphen.

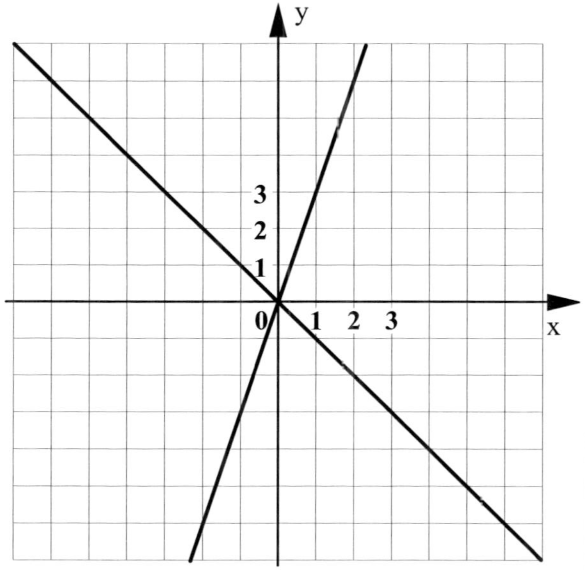

Station B4

Zeichne geeignete Steigungsdreiecke ein und bestimmt die Funktionsgleichungen der beiden Graphen.

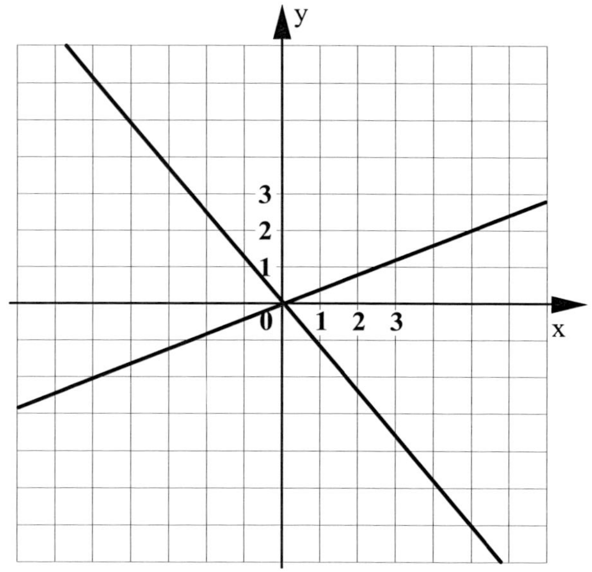

Station B3

Das erste Steigungsdreieck hat eine Stufenhöhe von 3 und eine Stufenbreite von 1. Da die Gerade durch den 1. und 3. Quadranten verläuft, ist die Steigung positiv.
$m = 3$.

Das zweite Steigungsdreieck hat eine Stufenhöhe von 1 und eine Stufenbreite von 1. Da die Gerade durch den 2. und 4. Quadranten verläuft, ist die Steigung negativ.
$m = -1$.

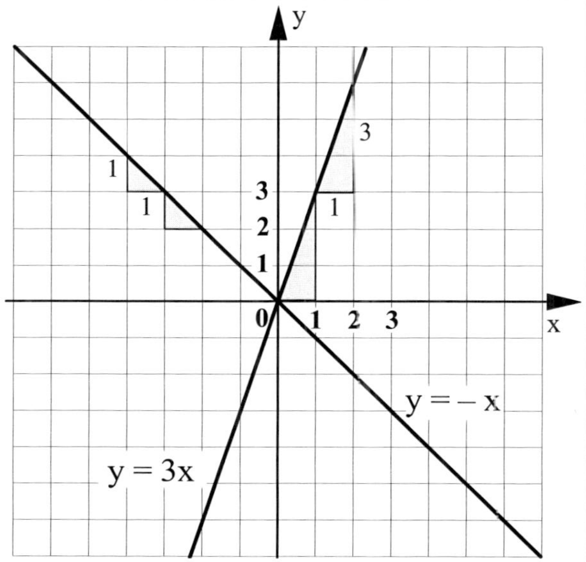

Station B4

Das erste Steigungsdreieck hat eine Stufenhöhe von 2 und eine Stufenbreite von 5. Da die Gerade durch den 1. und 3. Quadranten verläuft, ist die Steigung positiv.
$m = 0{,}4$ oder $m = \frac{2}{5}$.

Das zweite Steigungsdreieck hat eine Stufenhöhe von 6 und eine Stufenbreite von 5. Da die Gerade durch den 2. und 4. Quadranten verläuft, ist die Steigung negativ.
$m = -1{,}2$ oder $m = -\frac{6}{5}$.

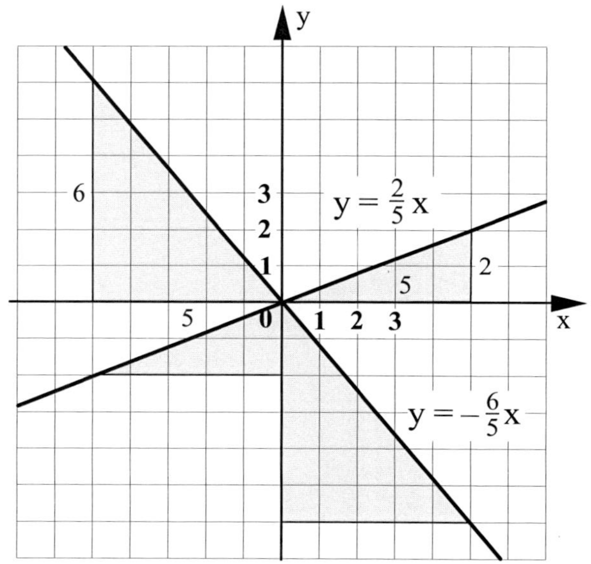

Station B5

Wie lauten die Funktionsgleichungen der abgebildeten Graphen?

a)

b)

c)

d)

e)

f)

g)

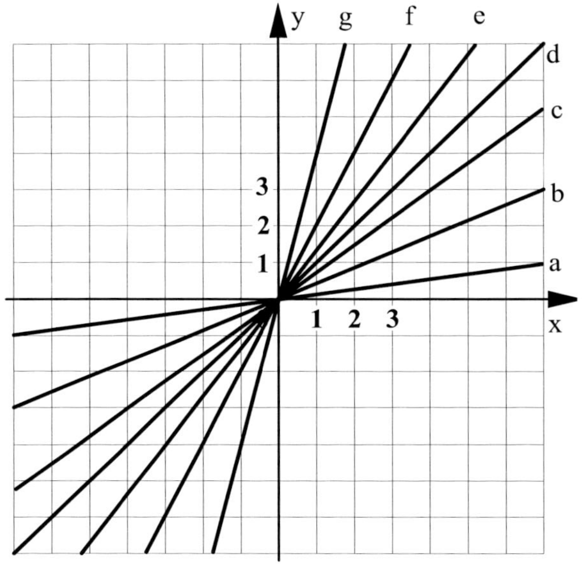

Station B5

Die Steigung der jeweiligen Geraden ist jeweils positiv.

a) $y = \frac{1}{7}x$ Stufenhöhe 1, Stufenbreite 7

b) $y = \frac{3}{7}x$ Stufenhöhe 3, Stufenbreite 7

c) $y = \frac{3}{4}x$ Stufenhöhe 3, Stufenbreite 4

d) $y = x$ Stufenhöhe 1, Stufenbreite 1

e) $y = \frac{4}{3}x$ Stufenhöhe 4, Stufenbreite 3

f) $y = 2x$ Stufenhöhe 2, Stufenbreite 1

g) $y = 4x$ Stufenhöhe 4, Stufenbreite 1

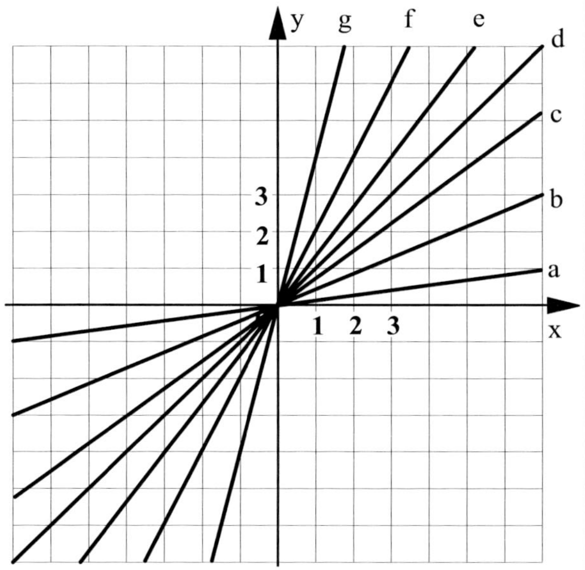

Station B6

Wie lauten die Funktionsgleichungen der abgebildeten Graphen?

a)

b)

c)

d)

e)

f)

g)

h)

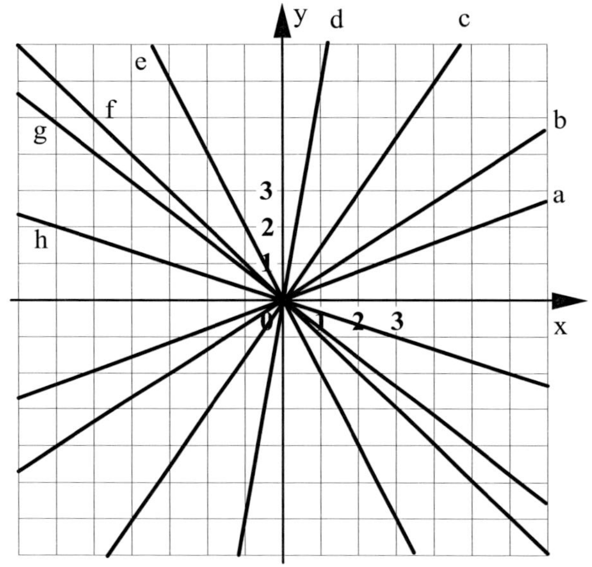

Station B6

Steigung a, b, c, d positiv,
Steigung e, f, g, h negativ

a) $y = \frac{2}{5}x$ Stufenhöhe 2, Stufenbreite 5

b) $y = \frac{2}{3}x$ Stufenhöhe 2, Stufenbreite 3

c) $y = \frac{3}{2}x$ Stufenhöhe 3, Stufenbreite 2

d) $y = 6x$ Stufenhöhe 6, Stufenbreite 1

e) $y = -2x$ Stufenhöhe 2, Stufenbreite 1

f) $y = -x$ Stufenhöhe 1, Stufenbreite 1

g) $y = -\frac{4}{5}x$ Stufenhöhe 4, Stufenbreite 5

h) $y = -\frac{1}{3}x$ Stufenhöhe 1, Stufenbreite 3

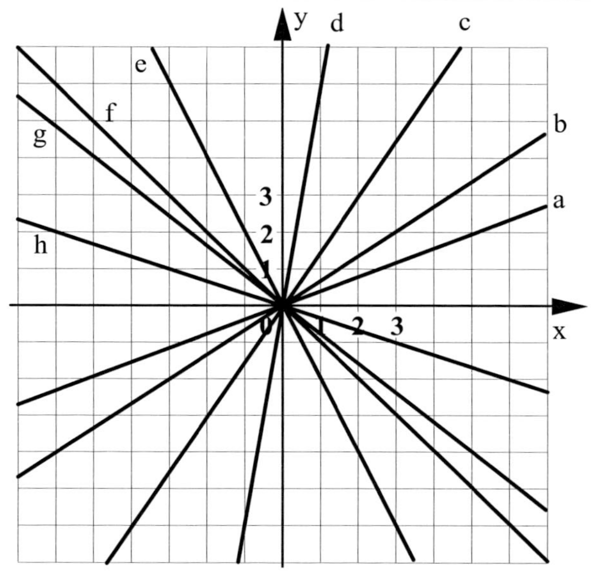

Station B7

Zeichne den Graphen der Funktion mit der Gleichung $y = \frac{3}{2}x$, indem du mehrere Steigungsdreiecke in das Koordinatensystem einzeichnest.

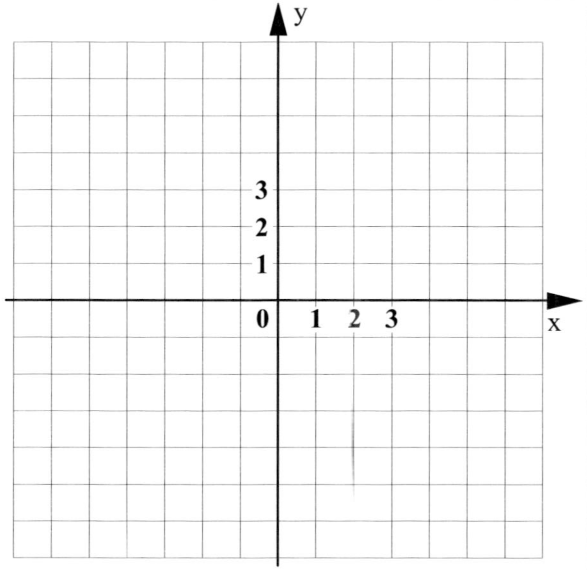

Station B8

Zeichne den Graphen der Funktion mit der Gleichung $y = \frac{1}{3}x$, indem du mehrere Steigungsdreiecke in das Koordinatensystem einzeichnest.

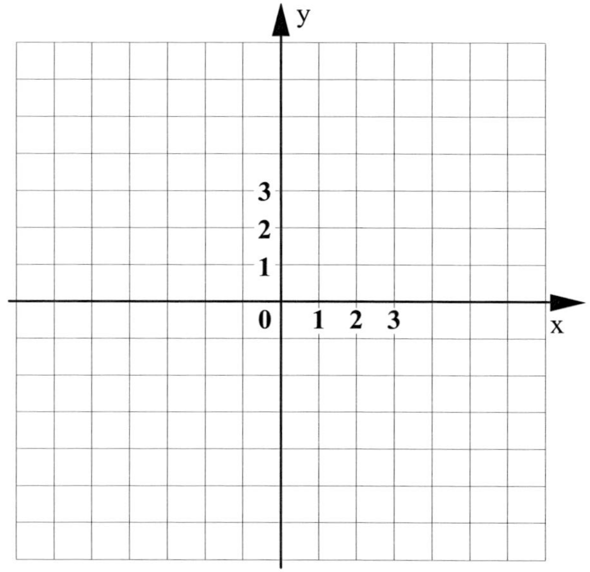

Station B7

Weil $m = \frac{3}{2}$, musst du eine Treppe zeichnen, die eine Stufenhöhe von 3 und eine Stufenbreite von 2 hat. Gehe also vom Ursprung 2 Kästchen nach rechts und 3 Kästchen nach oben, markiere diesen Punkt. Gehe von diesem Punkt 2 Kästchen nach rechts und 3 Kästchen nach oben. Überlege selbst, wie du die Treppe vom Ursprung aus nach unten zeichnest.

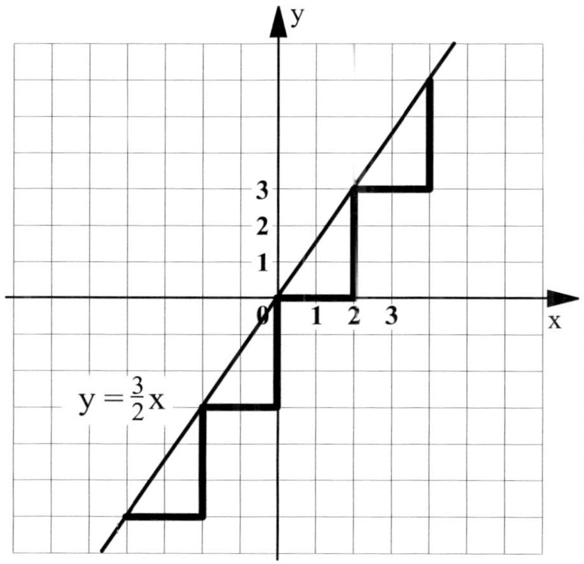

Station B8

Weil $m = \frac{1}{3}$, musst du eine Treppe zeichnen, die eine Stufenhöhe von 1 und eine Stufenbreite von 3 hat. Gehe also vom Ursprung 3 Kästchen nach rechts und 1 Kästchen nach oben, markiere diesen Punkt. Gehe von diesem Punkt 3 Kästchen nach rechts und 1 Kästchen nach oben. Überlege selbst, wie du die Treppe vom Ursprung aus nach unten zeichnest.

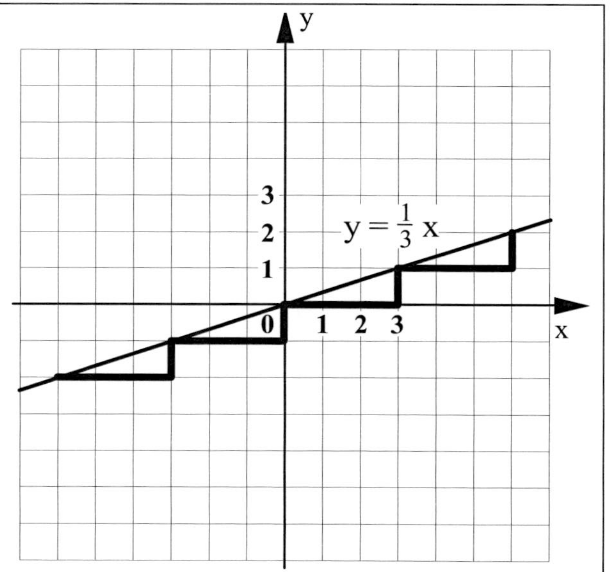

Station B9

Zeichne den Graphen der Funktion mit der Gleichung $y = -2x$, indem du mehrere Steigungsdreiecke in das Koordinatensystem einzeichnest.

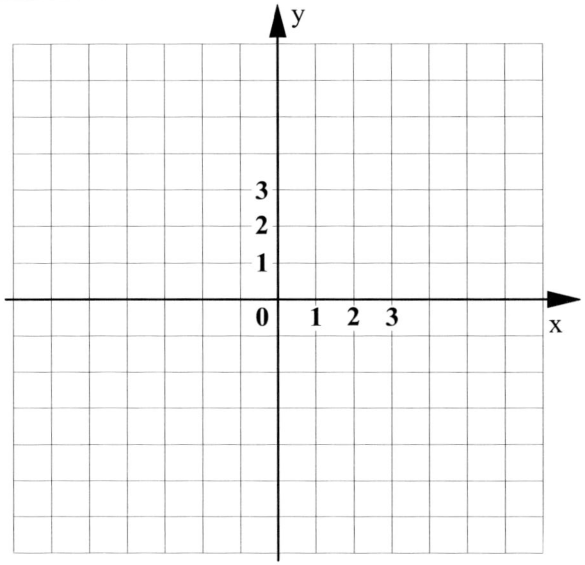

Station B10

Zeichne den Graphen der Funktion mit der Gleichung $y = -\frac{2}{3}x$, indem du mehrere Steigungsdreiecke in das Koordinatensystem einzeichnest.

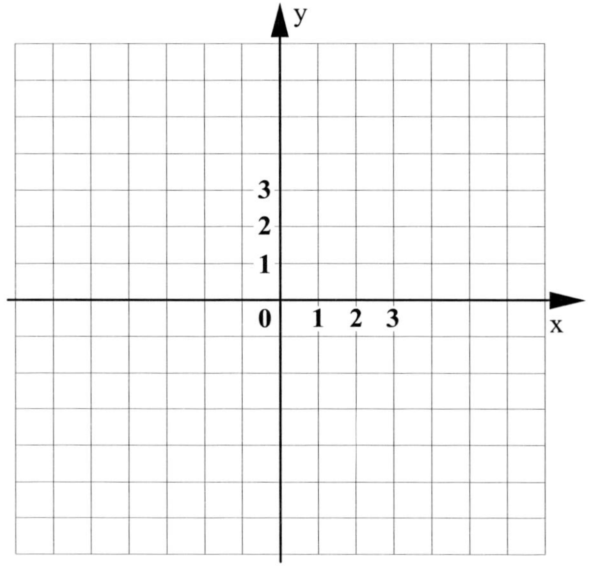

Station B9

Weil $m = -\frac{2}{1}$, musst du eine Treppe zeichnen, die eine Stufenhöhe von 2 und eine Stufenbreite von 1 hat und durch den 2. und 4. Quadranten verläuft.
Gehe also vom Ursprung 1 Kästchen nach links und 2 Kästchen nach oben, markiere diesen Punkt.
Gehe von diesem Punkt 1 Kästchen nach links und 2 Kästchen nach oben, markiere diesen Punkt.
Gehe von diesem Punkt ...

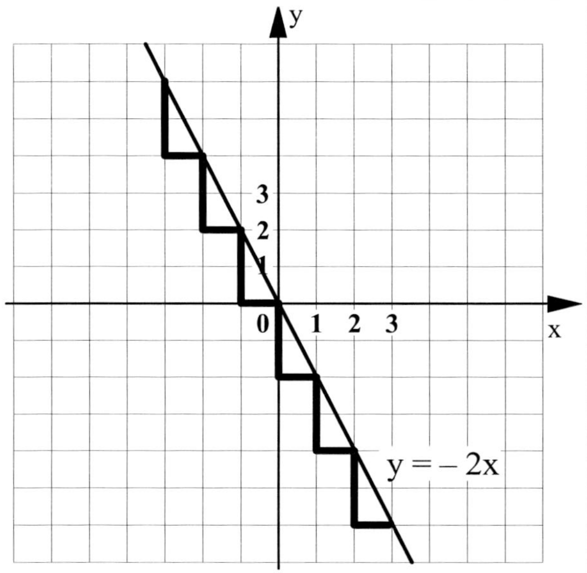

Station B10

Weil $m = -\frac{2}{3}$, musst du eine Treppe zeichnen, die eine Stufenhöhe von 2 und eine Stufenbreite von 3 hat und durch den 2. und 4. Quadranten verläuft.
Gehe also vom Ursprung 3 Kästchen nach links und 2 Kästchen nach oben, markiere diesen Punkt.
Gehe von diesem Punkt 3 Kästchen nach links und 2 Kästchen nach oben, markiere diesen Punkt.
Gehe von diesem Punkt ...

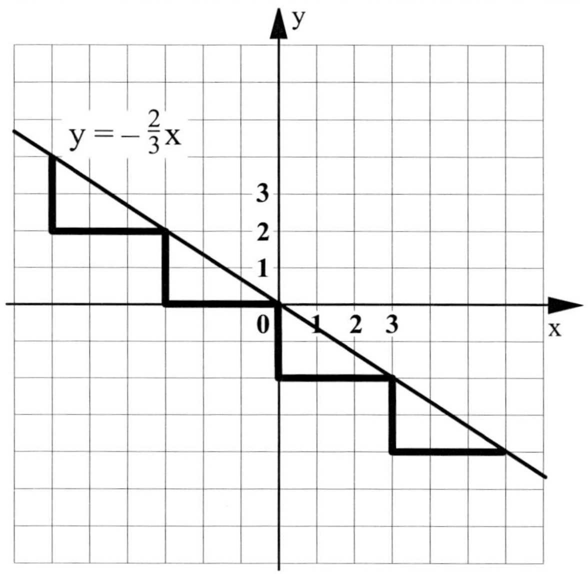

Station A5

Vervollständige die Wertetabellen für die Funktionsgleichungen
a) y = 2x – 3
b) y = 0,25 x + 3
und zeichne die Geraden.

y = 2x – 3

x	y
0	
1	
– 1	
4	
– 2	

y = 0,25x + 3

x	y
0	
2	
– 2	
4	
– 4	

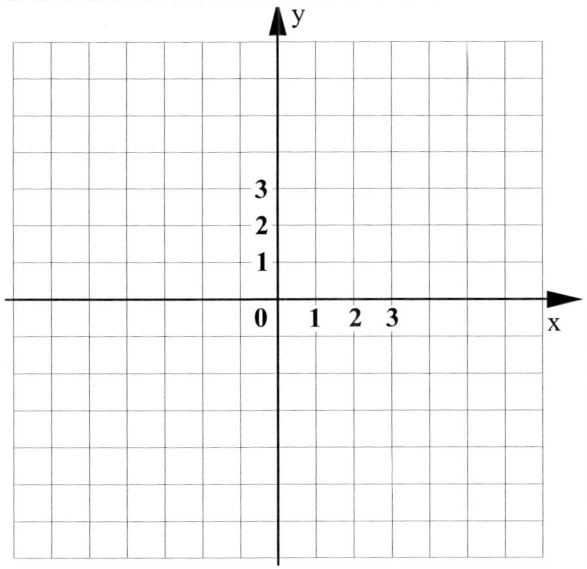

Station A6

Vervollständige die Wertetabellen für die Funktionsgleichungen
a) y = – 3x + 2
b) y = 0,5x – 4
und zeichne die Geraden.

y = – 3x + 2

x	y
0	
1	
– 1	
2	
3	

y = 0,5x – 4

x	y
0	
2	
– 2	
6	
– 6	

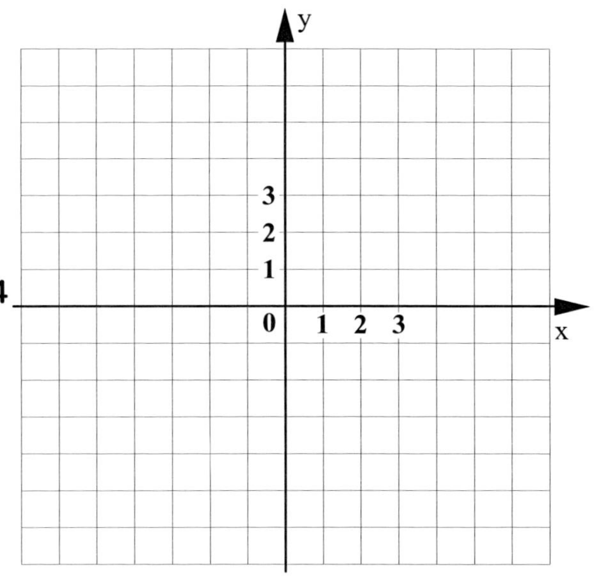

Station A5

Berechne nacheinander

2 • 0 – 3	0,25 • 0 + 3
2 • 1 – 3	0,25 • 2 + 3
2 • (– 1) – 3	0,25 • (– 2) + 3
2 • 4 – 3	0,25 • 4 + 3
2 • (– 2) – 3	0,25 • (– 4) + 3

Trage die Ergebnisse in die Tabelle ein, zeichne die Punkte ins Koordinatensystem und verbinde zu einer Geraden.

y = 2x – 3

x	y
0	– 3
1	– 1
– 1	– 5
4	5
– 2	– 7

y = 0,25x + 3

x	y
0	3
2	3,5
– 2	2,5
4	4
– 4	2

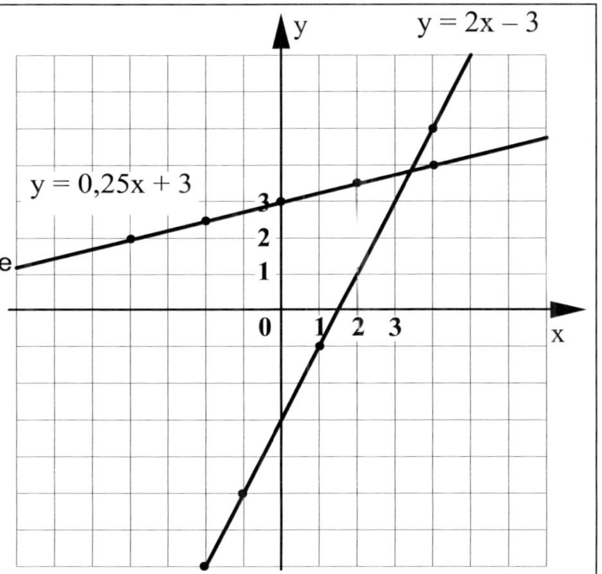

Station A6

Berechne nacheinander

(– 3) • 0 + 2	0,5 • 0 – 4
(– 3) • 1 + 2	0,5 • 2 – 4
(– 3) • (– 1) + 2	0,5 • (– 2) – 4
(– 3) • 2 + 2	0,5 • 6 – 4
(– 3) • 3 + 2	0,5 • (– 6) – 4

Trage die Ergebnisse in die Tabelle ein, zeichne die Punkte ins Koordinatensystem und verbinde zu einer Geraden.

y = – 3x + 2

x	y
0	2
1	– 1
– 1	5
2	– 4
3	– 7

y = 0,5x – 4

x	y
0	– 4
2	– 3
– 2	– 5
6	– 1
– 6	– 7

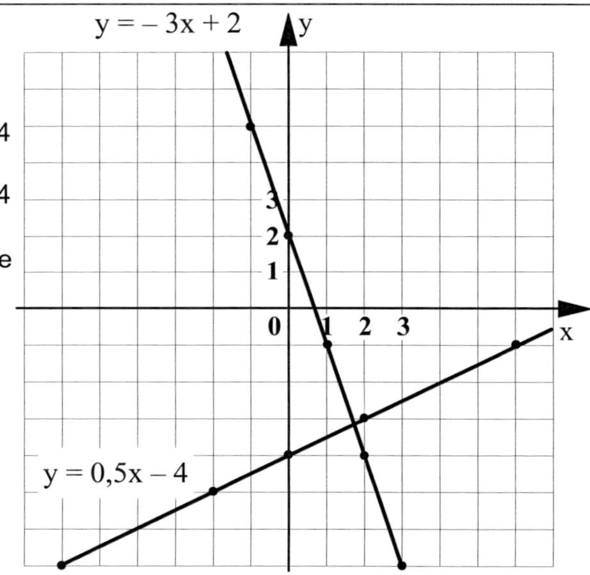

Station A7

Vervollständige die Wertetabellen für die Funktionsgleichungen
a) y = – 1,5x – 4
b) y = 3x + 2
und zeichne die Geraden.

y = – 1,5x – 4

x	y
0	
2	
– 2	
– 4	
– 6	

y = 3x + 2

x	y
0	
1	
– 1	
– 2	
– 3	

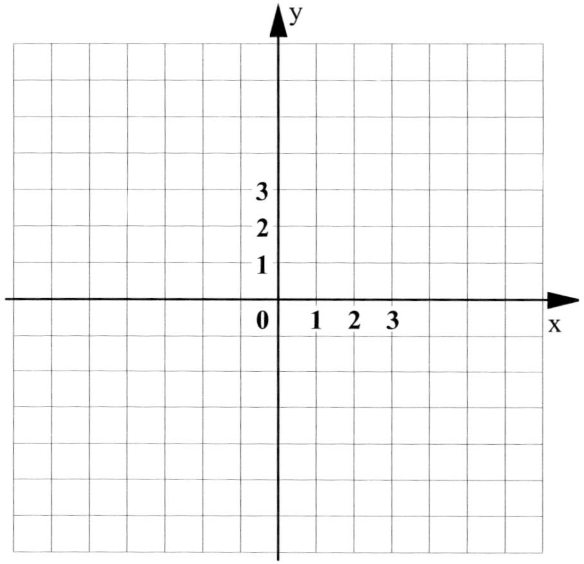

Station A8

Vervollständige die Wertetabellen für die Funktionsgleichungen
a) y = 2,5x – 4
b) y = – 0,75x + 2
und zeichne die Geraden.

y = 2,5x – 4

x	y
0	
2	
3	
4	
1	

y = – 0,75x + 2

x	y
0	
4	
– 4	
– 2	
6	

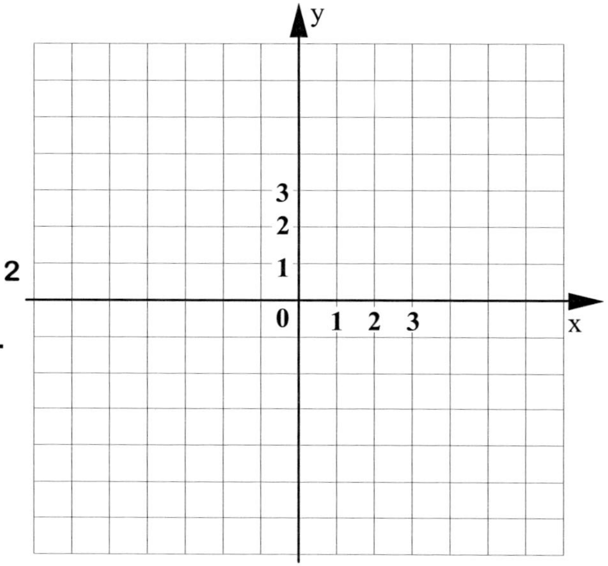

Station A7

Berechne nacheinander

(– 1,5) • 0 – 4　　3 • 0 + 2
(– 1,5) • 2 – 4　　3 • 1 + 2
(– 1,5) • (– 2) – 4　　3 • (– 1) + 2
(– 1,5) • (– 4) – 4　　3 • (– 2) + 2
(– 1,5) • (– 6) – 4　　3 • (– 3) + 2

Trage die Ergebnisse in die Tabelle ein, zeichne die Punkte ins Koordinatensystem und verbinde zu einer Geraden.

y = – 1,5x – 4

x	y
0	– 4
2	– 7
– 2	– 1
– 4	2
– 6	5

y = 3x + 2

x	y
0	2
1	5
– 1	– 1
– 2	– 4
– 3	– 7

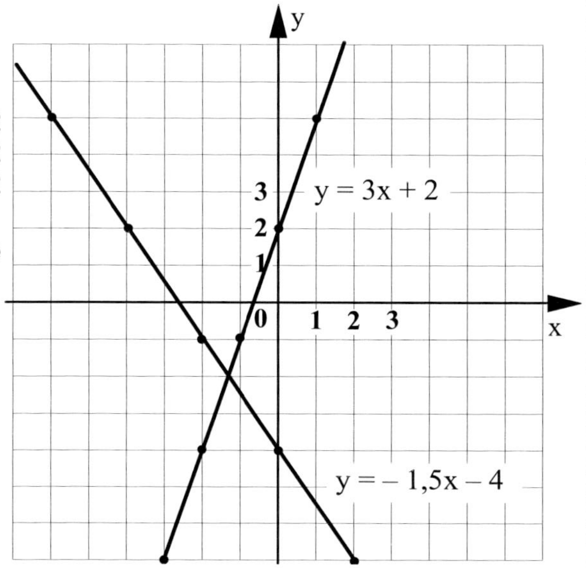

Station A8

Berechne nacheinander

2,5 • 0 – 4　　(– 0,75) • 0 + 2
2,5 • 2 – 4　　(– 0,75) • 4 + 2
2,5 • 3 – 4　　(– 0,75) • (– 4) + 2
2,5 • 4 – 4　　(– 0,75) • (– 2) + 2
2,5 • 1 – 4　　(– 0,75) • 6 + 2

Trage die Ergebnisse in die Tabelle ein, zeichne die Punkte ins Koordinatensystem und verbinde zu einer Geraden.

y = 2,5x – 4

x	y
0	– 4
2	1
3	3,5
4	6
1	– 1,5

y = – 0,75x + 2

x	y
0	2
4	– 1
– 4	5
– 2	3,5
6	– 2,5

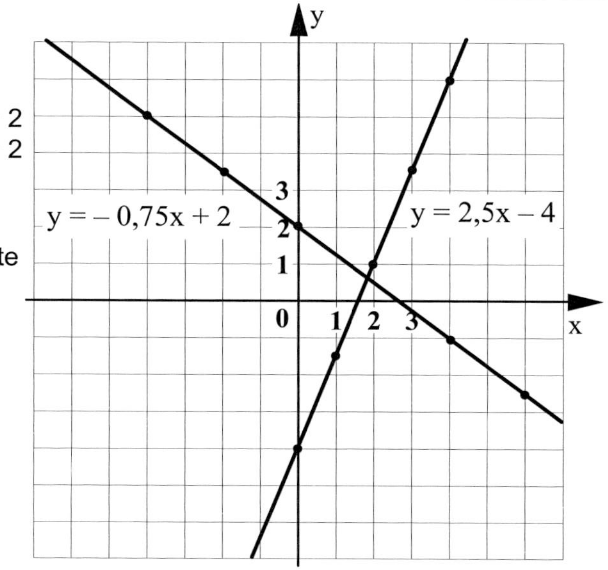

Station D1

Bestimme die Funktionsgleichung des Graphen, indem du geeignete Steigungsdreiecke einzeichnest und feststellst, wo die y-Achse geschnitten wird.

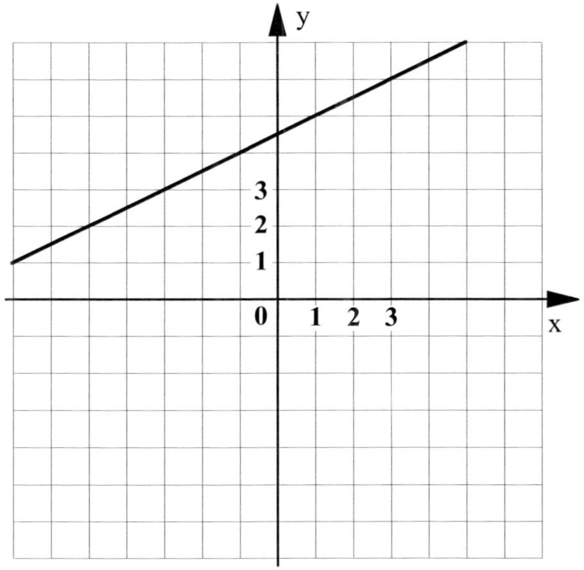

Station D2

Bestimme die Funktionsgleichung des Graphen, indem du geeignete Steigungsdreiecke einzeichnest und feststellst, wo die y-Achse geschnitten wird.

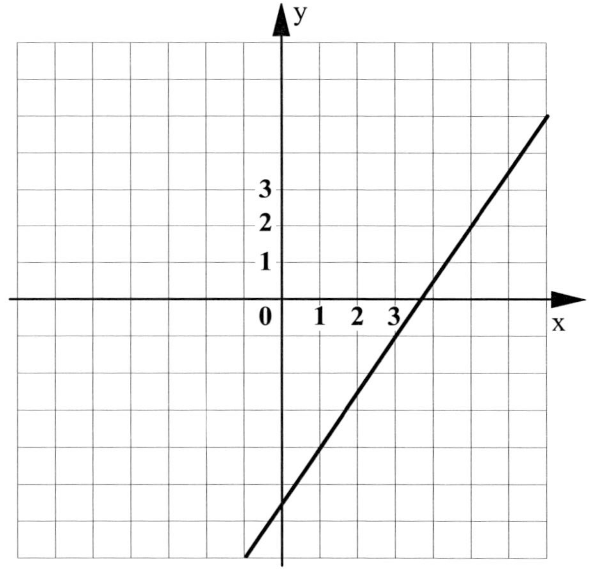

Station D1

Ein geeignetes Steigungsdreieck hat z. B. eine Stufenhöhe 1 und eine Stufenbreite 2. Natürlich kann man auch größere oder kleinere Stufen finden. Die Steigung ist positiv, also m = 0,5 oder $m = \frac{1}{2}$.
Weiterhin erkennst du, dass die y-Achse bei 4,5 geschnitten wird.
Somit lautet die Funktionsgleichung des Graphen

$$y = \frac{1}{2}x + 4{,}5.$$

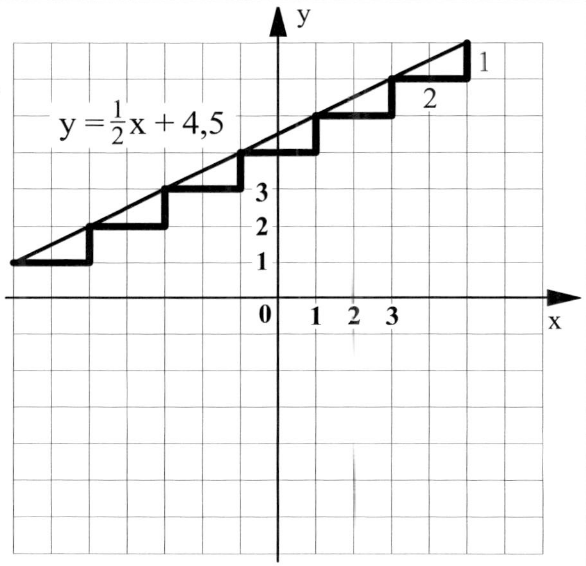

Station D2

Ein geeignetes Steigungsdreieck hat z. B. eine Stufenhöhe 3 und eine Stufenbreite 2. Natürlich kann man auch größere oder kleinere Stufen finden. Die Steigung ist positiv, also m = 1,5 oder $m = 1\frac{1}{2}$.
Weiterhin erkennst du, dass die y-Achse bei – 5,5 geschnitten wird.
Somit lautet die Funktionsgleichung des Graphen

$$y = 1{,}5x - 5{,}5.$$

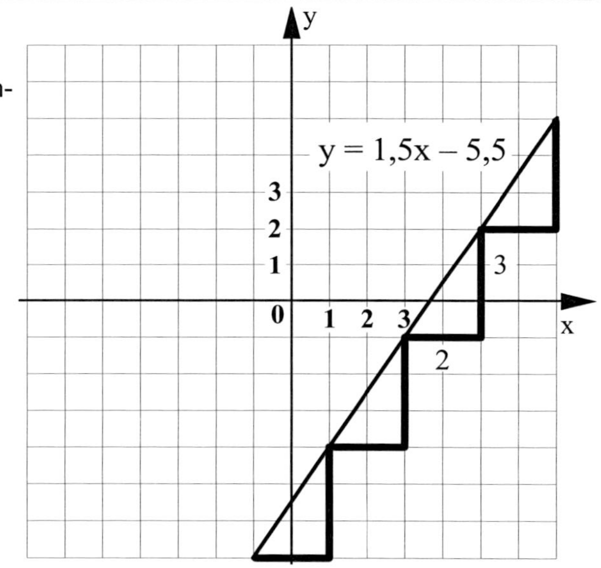

Station D3

Bestimme die Funktionsgleichung des Graphen, indem du geeignete Steigungsdreiecke einzeichnest und feststellst, wo die y-Achse geschnitten wird.

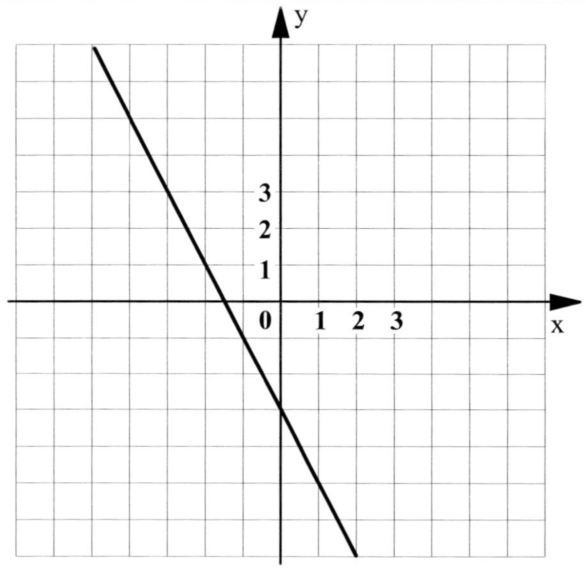

Station D4

Bestimme die Funktionsgleichung des Graphen, indem du geeignete Steigungsdreiecke einzeichnest und feststellst, wo die y-Achse geschnitten wird.

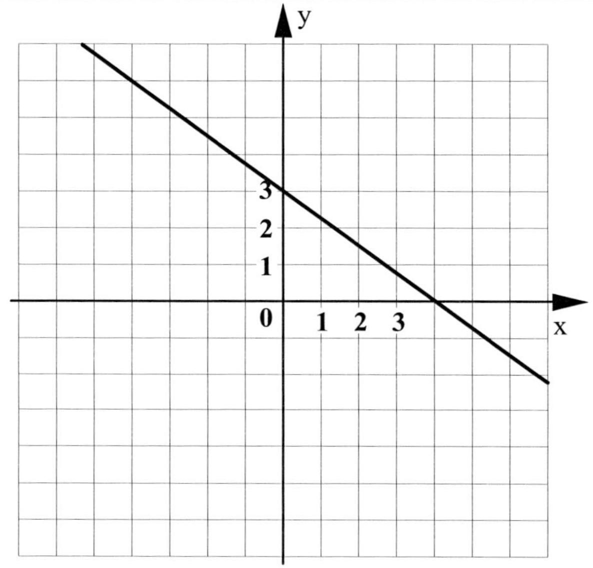

Station D3

Ein geeignetes Steigungsdreieck hat z. B. eine Stufenhöhe 2 und eine Stufenbreite 1. Natürlich kann man auch größere oder kleinere Stufen finden. Die Steigung ist negativ, also $m = -2$. Weiterhin erkennst du, dass die y-Achse bei -3 geschnitten wird. Somit lautet die Funktionsgleichung des Graphen

$$y = -2x - 3.$$

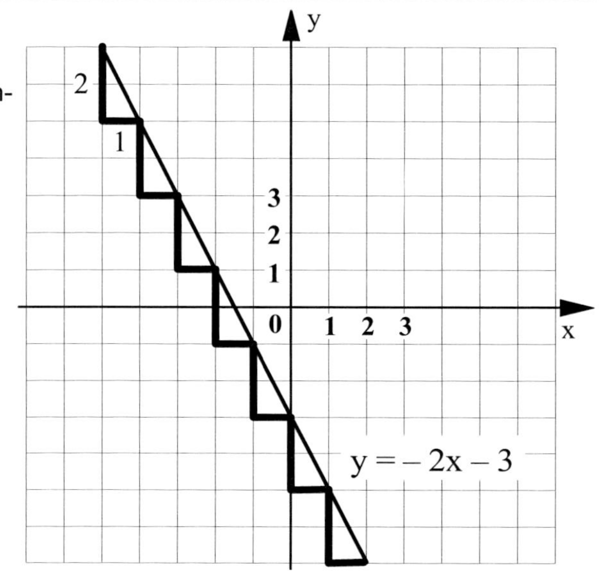

Station D4

Ein geeignetes Steigungsdreieck hat z. B. eine Stufenhöhe 3 und eine Stufenbreite 4. Natürlich kann man auch größere oder kleinere Stufen finden. Die Steigung ist negativ, also $m = -0{,}75$ oder $m = -\frac{3}{4}$. Weiterhin erkennst du, dass die y-Achse bei 3 geschnitten wird. Somit lautet die Funktionsgleichung des Graphen

$$y = -\frac{3}{4}x + 3.$$

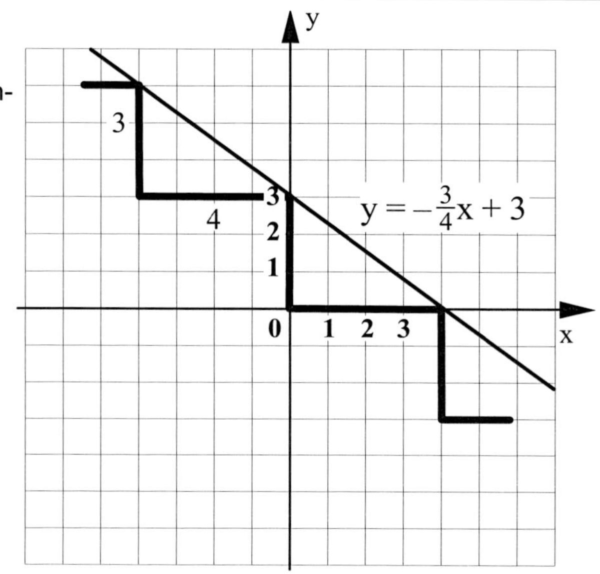

Station B11

Wie lauten die Funktionsgleichungen der abgebildeten Graphen?

a)

b)

c)

d)

e)

f)

g)

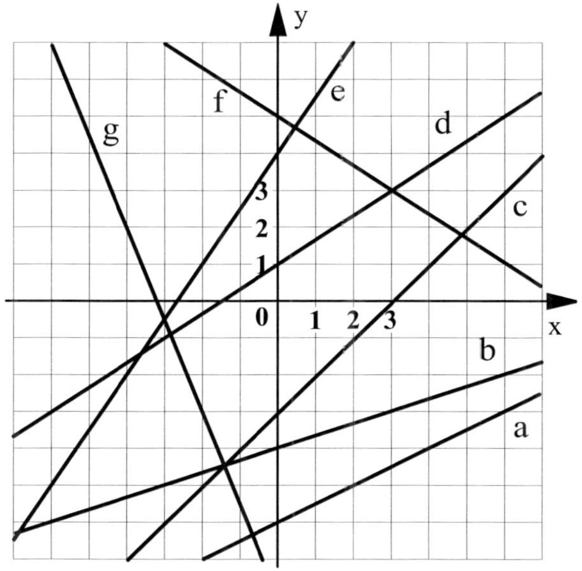

Station B12

Wie lauten die Funktionsgleichungen der abgebildeten Graphen?

a)

b)

c)

d)

e)

f)

g)

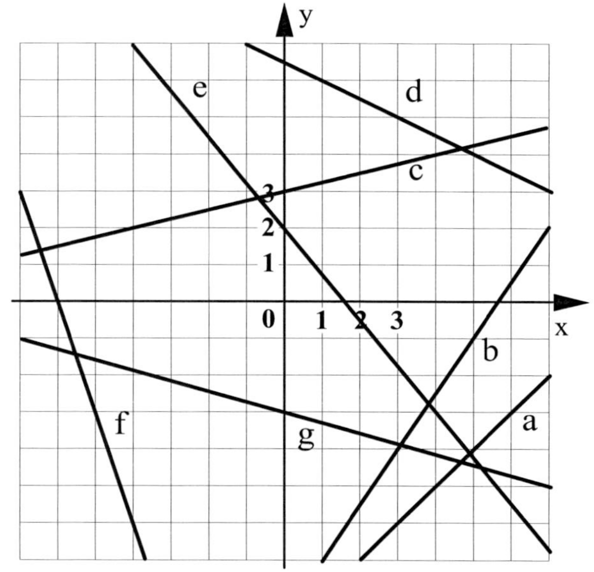

Station B11

Steigung a, b, c, d, e positiv, f, g negativ.
Wenn du bei g) nicht mehr erkennen kannst, wo die y-Achse geschnitten wird, dann denke dir die Gerade verlängert mit weiteren Steigungsdreiecken.

a) $y = \frac{1}{2}x - 6$ — Stufenhöhe 1, Stufenbreite 2, Achsenabschnitt – 6

b) $y = \frac{1}{3}x - 4$ — Stufenhöhe 1, Stufenbreite 3, Achsenabschnitt – 4

c) $y = x - 3$ — Stufenhöhe 1, Stufenbreite 1, Achsenabschnitt – 3

d) $y = \frac{2}{3}x + 1$ — Stufenhöhe 2, Stufenbreite 3, Achsenabschnitt 1

e) $y = \frac{3}{2}x + 4$ — Stufenhöhe 3, Stufenbreite 2, Achsenabschnitt 4

f) $y = -\frac{2}{3}x + 5$ — Stufenhöhe 2, Stufenbreite 3, Achsenabschnitt 5

g) $y = -\frac{5}{2}x - 8$ — Stufenhöhe 5, Stufenbreite 2, Achsenabschnitt – 8

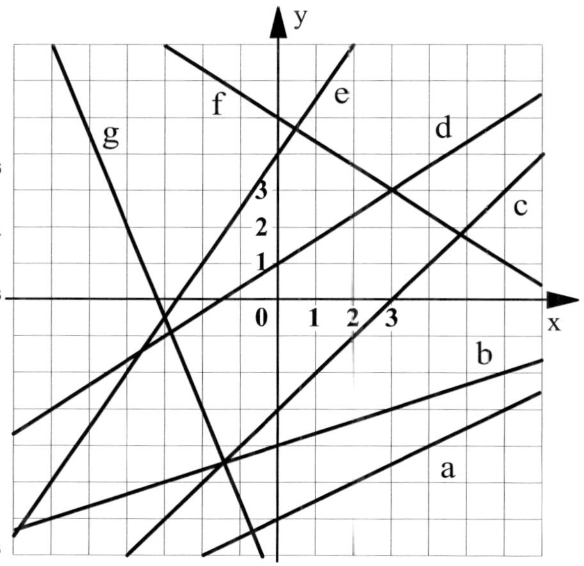

Station B12

Steigung a, b, c positiv, d, e, f, g negativ.
Wenn du bei a), b) bzw. f) nicht mehr erkennen kannst, wo die y-Achse geschnitten wird, dann denke dir die Gerade verlängert mit weiteren Steigungsdreiecken.

a) $y = x - 9$ — Stufenhöhe 1, Stufenbreite 1, Achsenabschnitt – 9

b) $y = \frac{3}{2}x - 8\frac{1}{2}$ — Stufenhöhe 3, Stufenbreite 2, Achsenabschnitt – 8,5

c) $y = \frac{1}{4}x + 3$ — Stufenhöhe 1, Stufenbreite 4, Achsenabschnitt 3

d) $y = -\frac{1}{2}x + 6\frac{1}{2}$ — Stufenhöhe 1, Stufenbreite 2, Achsenabschnitt 6,5

e) $y = -\frac{5}{4}x + 2$ — Stufenhöhe 5, Stufenbreite 4, Achsenabschnitt 2

f) $y = -\frac{3}{1}x - 18$ — Stufenhöhe 3, Stufenbreite 1, Achsenabschnitt – 18

g) $y = -\frac{2}{7}x - 3$ — Stufenhöhe 2, Stufenbreite 7, Achsenabschnitt – 3

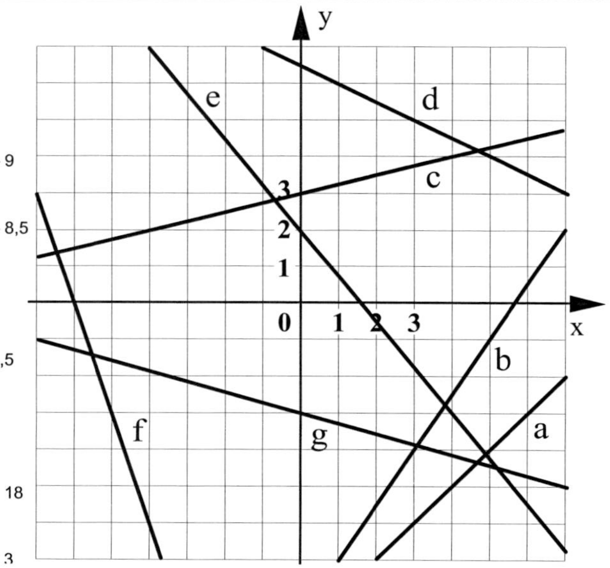

Station B13

Wie lauten die Funktionsgleichungen der abgebildeten Graphen?

a)

b)

c)

d)

e)

f)

g)

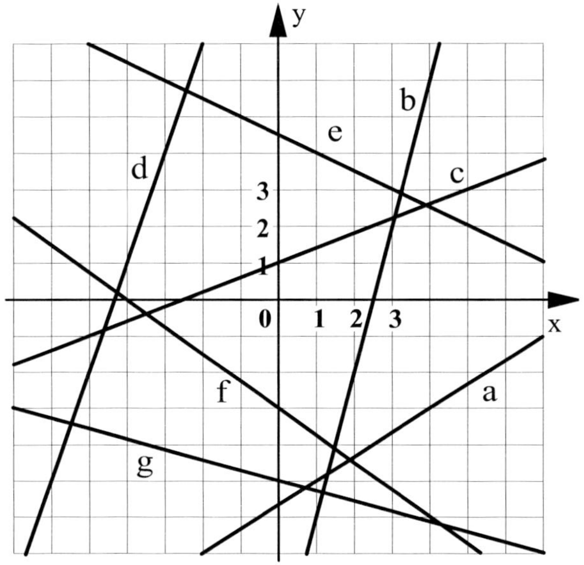

Station B14

Wie lauten die Funktionsgleichungen der abgebildeten Graphen?

a)

b)

c)

d)

e)

f)

g)

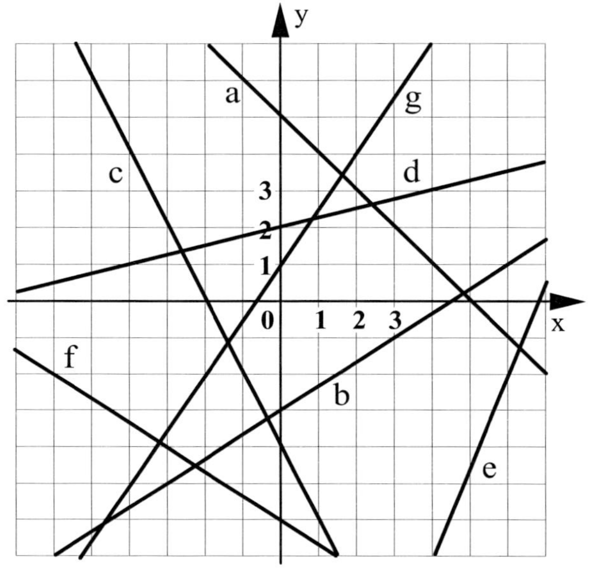

Station B13

Steigung a, b, c, d positiv, e, f, g negativ. Wenn du bei b) und d) nicht mehr erkennen kannst, wo die y-Achse geschnitten wird, dann denke dir die Gerade verlängert mit weiteren Steigungsdreiecken. Du kommst dann schon auf den Achsenabschnitt

a) $y = \frac{2}{3}x - 5\frac{2}{3}$ Stufenhöhe 2, Stufenbreite 3, Achsenabschnitt $-5\frac{2}{3}$

b) $y = 4x - 10$ Stufenhöhe 4, Stufenbreite 1, Achsenabschnitt – 10

c) $y = \frac{2}{5}x + 1$ Stufenhöhe 2, Stufenbreite 5, Achsenabschnitt 1

d) $y = 3x + 13$ Stufenhöhe 3, Stufenbreite 1, Achsenabschnitt 13

e) $y = -\frac{1}{2}x + 4\frac{1}{2}$ Stufenhöhe 1, Stufenbreite 2, Achsenabschnitt 4,5

f) $y = -\frac{3}{4}x - 3$ Stufenhöhe 3, Stufenbreite 4, Achsenabschnitt – 3

g) $y = -\frac{2}{7}x - 5$ Stufenhöhe 2, Stufenbreite 7, Achsenabschnitt – 5

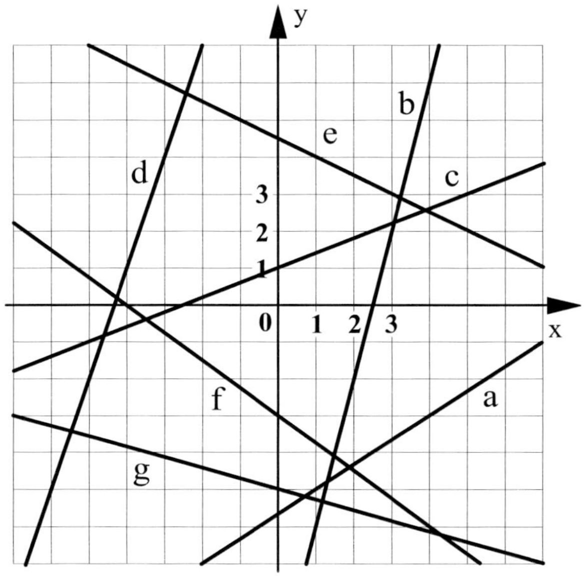

Station B14

Steigung b, d, e, g positiv, a, c, f negativ. Wenn du bei e) nicht mehr erkennen kannst, wo die y-Achse geschnitten wird, dann denke dir die Gerade verlängert mit weiteren Steigungsdreiecken.

a) $y = -x + 5$ Stufenhöhe 1, Stufenbreite 1, Achsenabschnitt 5

b) $y = \frac{2}{3}x - 3$ Stufenhöhe 2, Stufenbreite 3, Achsenabschnitt – 3

c) $y = -2x - 4$ Stufenhöhe 2, Stufenbreite 1, Achsenabschnitt – 4

d) $y = \frac{1}{4}x + 2$ Stufenhöhe 1, Stufenbreite 4, Achsenabschnitt 2

e) $y = \frac{5}{2}x - 17$ Stufenhöhe 5, Stufenbreite 2, Achsenabschnitt – 17

f) $y = -\frac{2}{3}x - 6$ Stufenhöhe 2, Stufenbreite 3, Achsenabschnitt – 6

g) $y = \frac{3}{2}x + 1$ Stufenhöhe 3, Stufenbreite 2, Achsenabschnitt 1

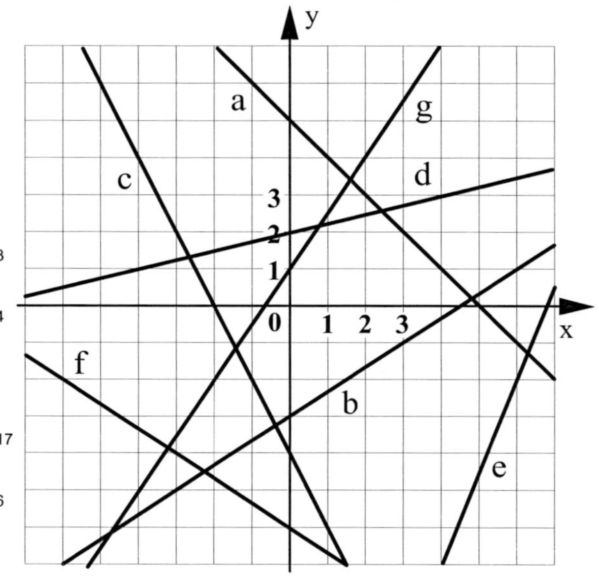

Station B15

Zeichne den Graphen der Funktion $y = 2x - 3$, indem du den Schnittpunkt mit der y-Achse bestimmst und entsprechende Steigungsdreiecke von diesem Schnittpunkt aus einzeichnest.

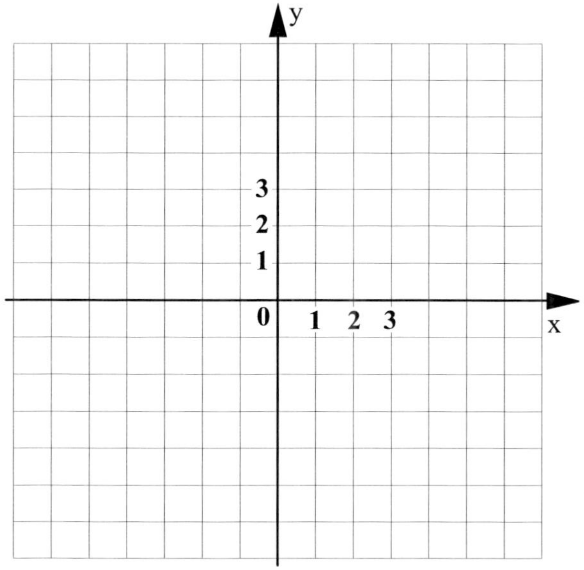

Station B16

Zeichne den Graphen der Funktion $y = 0,25x + 4$, indem du den Schnittpunkt mit der y-Achse bestimmst und entsprechende Steigungsdreiecke von diesem Schnittpunkt aus einzeichnest.

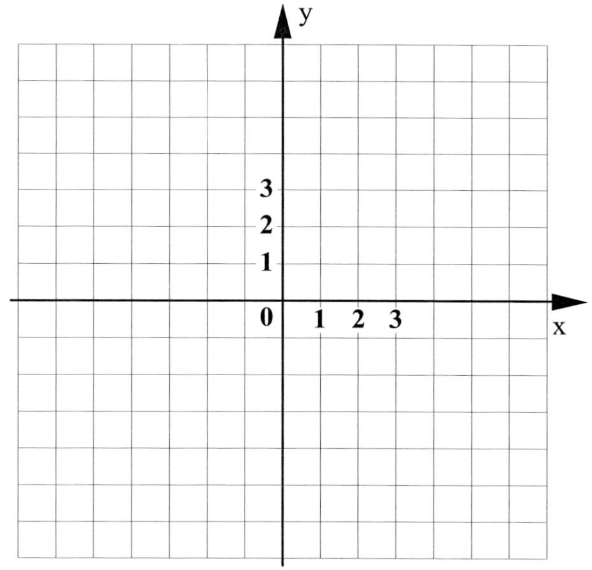

Station B15

Markiere zunächst den Punkt (0 | – 3), weil dort die y-Achse geschnitten wird. Weil $m = 2$ ist, musst du von diesem Schnittpunkt aus 1 Kästchen nach rechts und 2 Kästchen hoch gehen, markieren, 1 Kästchen nach rechts, 2 Kästchen hoch, markieren, ...
Überlege selbst, wie du die Treppe vom Schnittpunkt aus nach unten zeichnest.

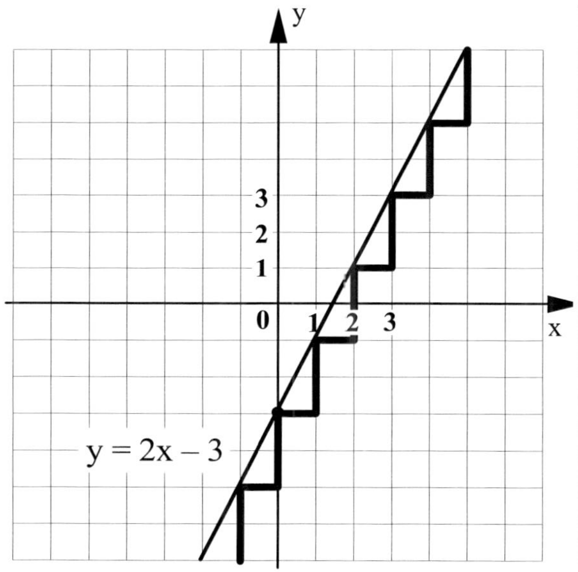

Station B16

Markiere zunächst den Punkt (0 | 4), weil dort die y-Achse geschnitten wird. Weil $m = 0,25$ oder $m = \frac{1}{4}$ ist, musst du von diesem Schnittpunkt aus 4 Kästchen nach rechts und 1 Kästchen hoch gehen, markieren, 4 Kästchen nach rechts, 1 Kästchen hoch, markieren, ...
Überlege selbst, wie du die Treppe vom Schnittpunkt aus nach unten zeichnest.

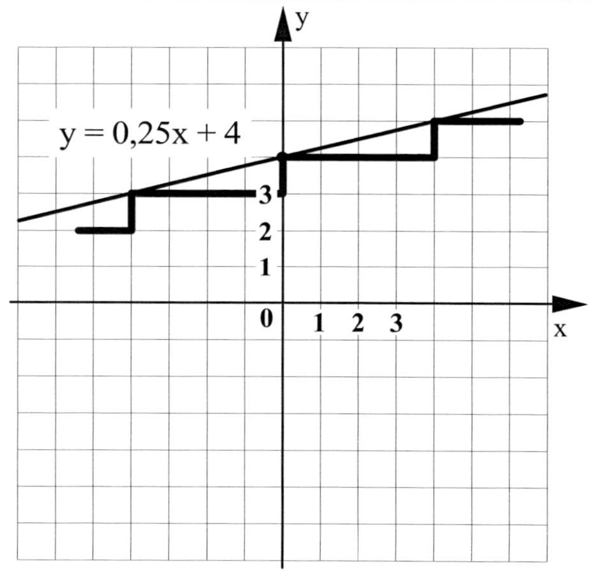

Station B17

Zeichne den Graphen der Funktion $y = -3x + 2$, indem du den Schnittpunkt mit der y-Achse bestimmst und entsprechende Steigungsdreiecke von diesem Schnittpunkt aus einzeichnest.

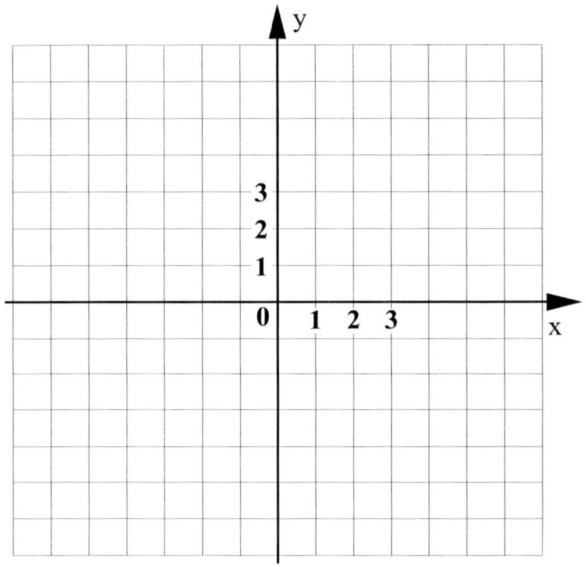

Station B18

Zeichne den Graphen der Funktion $y = -0{,}75x - 2$, indem du den Schnittpunkt mit der y-Achse bestimmst und entsprechende Steigungsdreiecke von diesem Schnittpunkt aus einzeichnest.

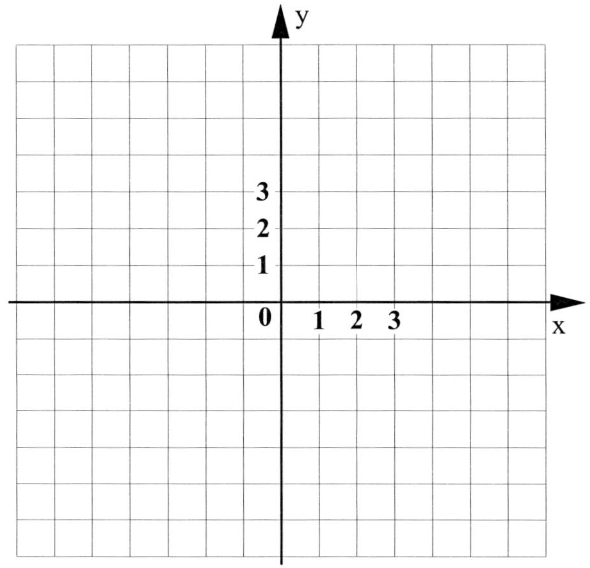

Station B17

Markiere zunächst den Punkt (0 | 2), weil dort die y-Achse geschnitten wird.
Weil $m = -3$ ist, musst du von diesem Schnittpunkt aus 1 Kästchen nach links und 3 Kästchen hoch gehen, markieren, 1 Kästchen nach links, 3 Kästchen hoch, markieren, ...
Überlege selbst, wie du die Treppe vom Schnittpunkt aus nach unten zeichnest.

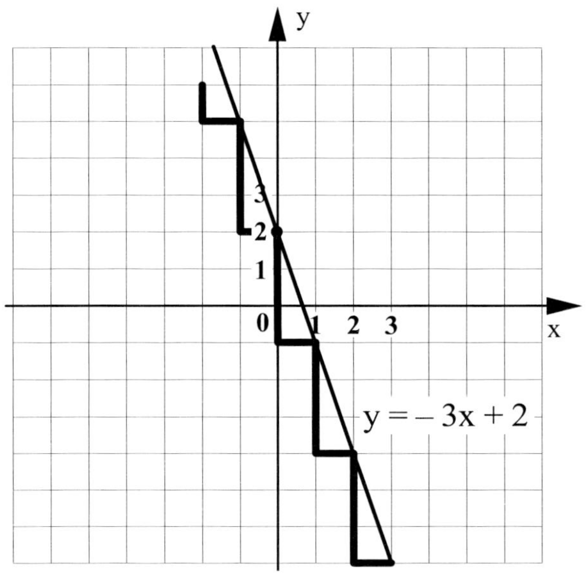

Station B18

Markiere zunächst den Punkt (0 | – 2), weil dort die y-Achse geschnitten wird.
Weil $m = -0{,}75$ oder $m = -\frac{3}{4}$ ist, musst du von diesem Schnittpunkt aus 4 Kästchen nach links und 3 Kästchen hoch gehen, markieren, 4 Kästchen nach links, 3 Kästchen hoch, markieren, ...
Überlege selbst, wie du die Treppe vom Schnittpunkt aus nach unten zeichnest.

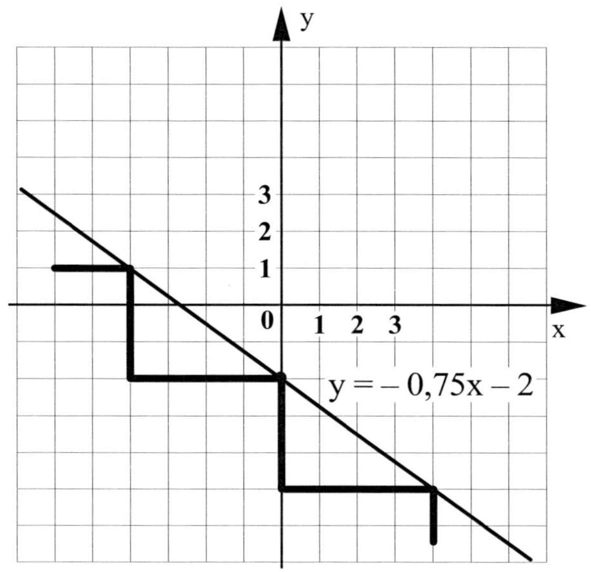

Station B19

Wie lauten die einzelnen linearen Gleichungen für die dargestellten Sonderfälle?

a)

b)

c)

d)

e)

f)

g)

h)

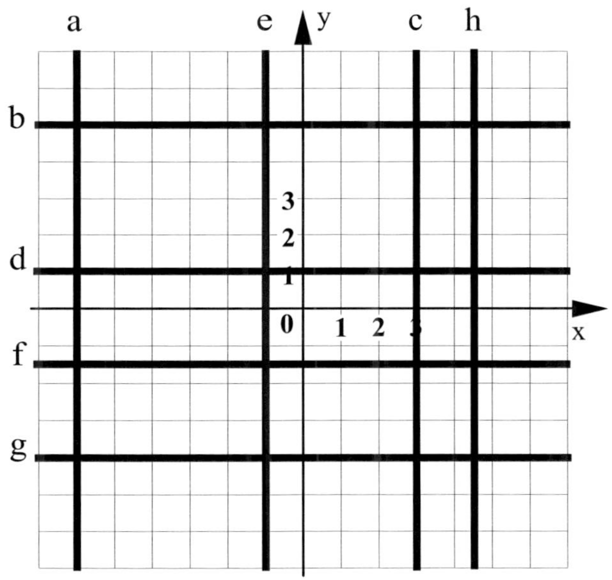

Station B20

Zeichne die Graphen zu folgenden linearen Gleichungen:

a) $y = -4$

b) $x = 5$

c) $y = 3$

d) $x = 1$

e) $x = -4$

f) $y = -1$

g) $y = 6$

h) $x = -2$

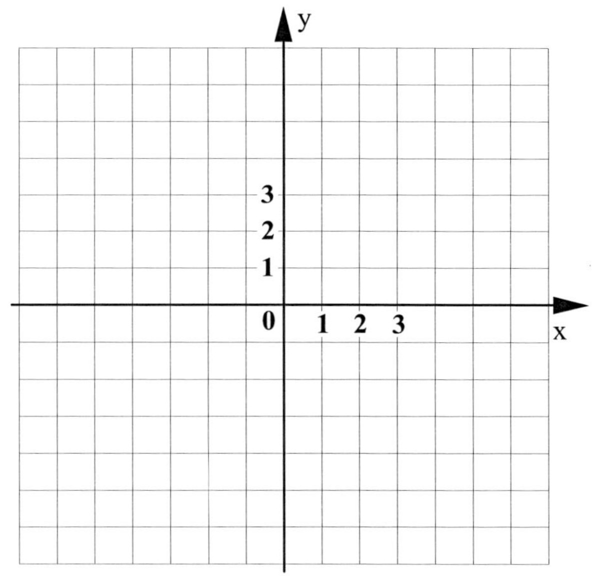

Station B19

Wie lauten die einzelnen linearen Gleichungen für die dargestellten Sonderfälle?

a) $x = -6$

b) $y = 5$

c) $x = 3$

d) $y = 1$

e) $x = -1$

f) $y = -1,5$

g) $y = -4$

h) $x = 4,5$

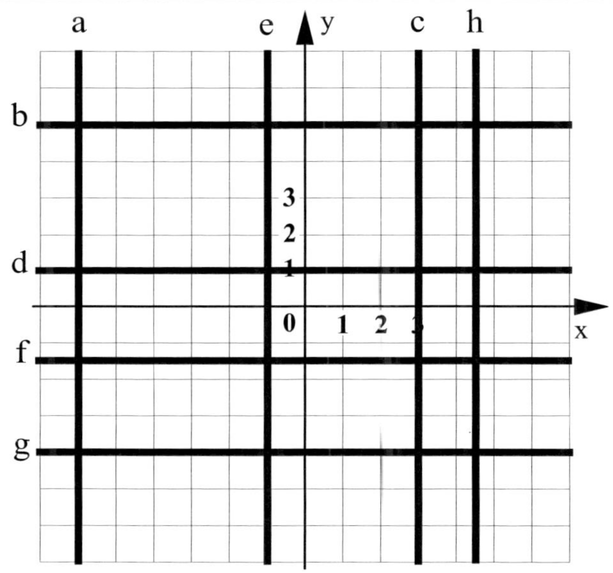

Station B20

Zeichne die Graphen zu folgenden linearen Gleichungen:

a) $y = -4$

b) $x = 5$

c) $y = 3$

d) $x = 1$

e) $x = -4$

f) $y = -1$

g) $y = 6$

h) $x = -2$

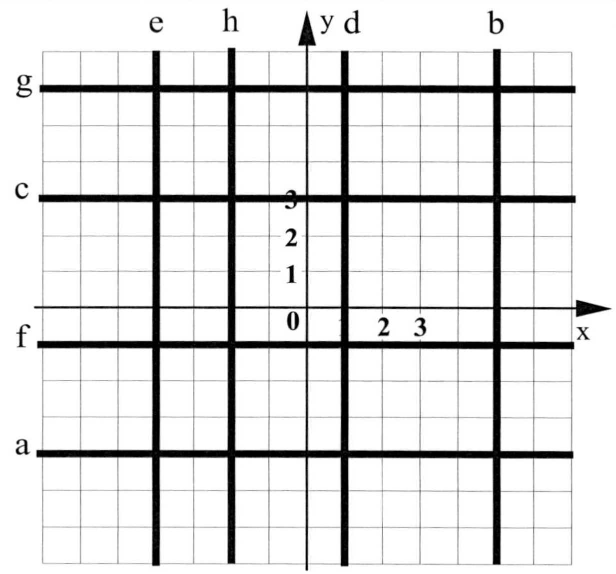

Station C1

Der Graph einer linearen Funktion verläuft durch den Ursprung und durch

a) P(5 | 5)

b) Q(– 2 | – 6)

c) R(– 4 | 3)

Wie lauten die jeweiligen Funktionsgleichungen?

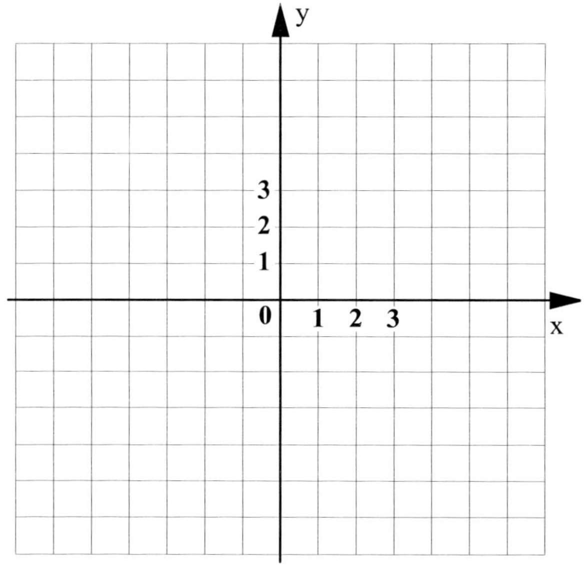

Station C2

Der Graph einer linearen Funktion verläuft durch den Ursprung und durch

a) P(5 | 1)

b) Q(– 6 | 6)

c) R(– 2 | 4)

Wie lauten die jeweiligen Funktionsgleichungen?

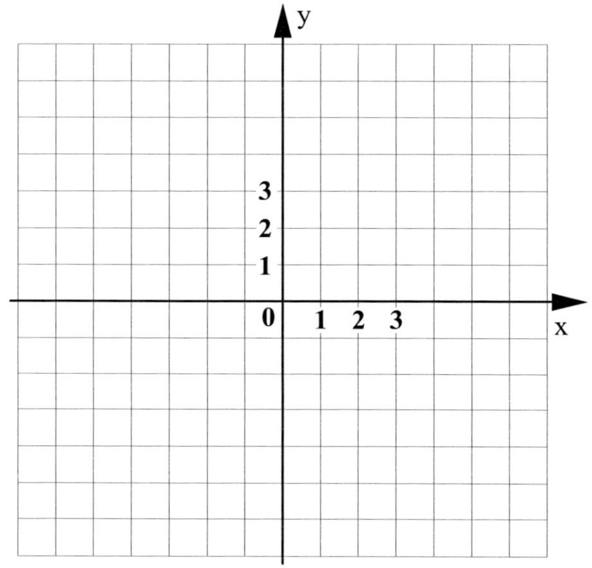

Station C1

Wenn du die drei gegebenen Punkte richtig eingetragen hast, kannst du die Steigungen sofort ablesen.

P(5 | 5)

a) 5 : 5 = 1 m = 1

b) Q(– 2 | – 6)
(– 6) : (– 2) = 3 m = 3

c) R(– 4 | 3)
3 : (– 4) = – 0,75 $m = -\frac{3}{4}$

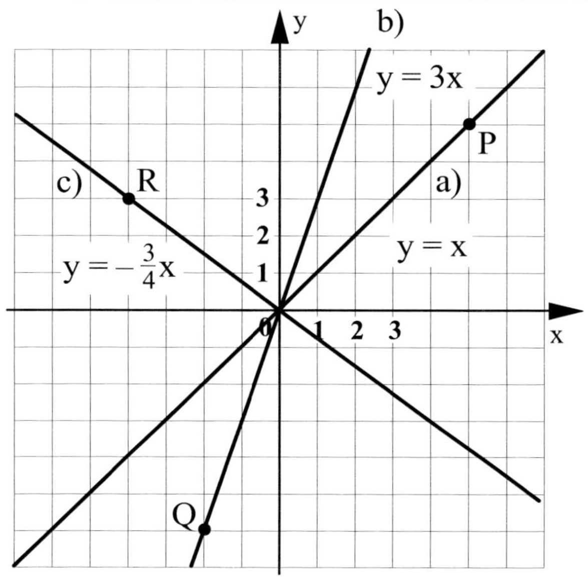

Station C2

Wenn du die drei gegebenen Punkte richtig eingetragen hast, kannst du die Steigungen sofort ablesen.

a) P(5 | 1)
1 : 5 = 0,2 $m = \frac{1}{5}$

b) Q(– 6 | 6)
6 : (– 6) = – 1 m = – 1

c) R(– 2 | 4)
4 : (– 2) = – 2 m = – 2

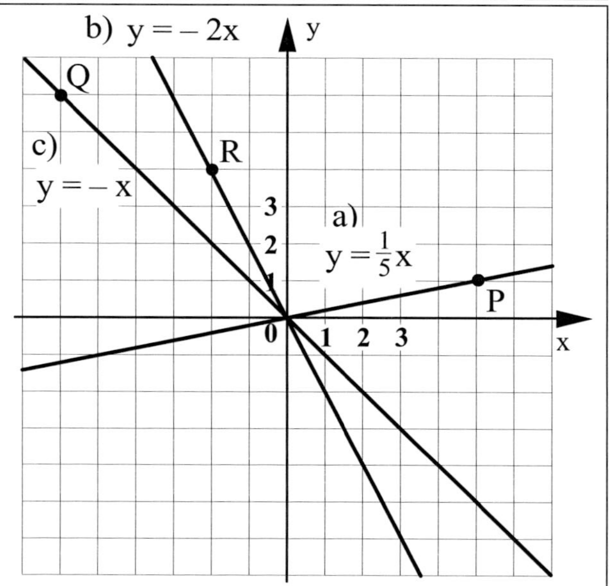

Station C3

Bestimme die Gleichung
y = mx + b.
Die Gerade verläuft
durch die beiden Punkte

a) P(4 | 3) und Q(– 5 | – 3)

b) R(1 | – 1) und S(2 | 3)

Löse zeichnerisch und rechnerisch.

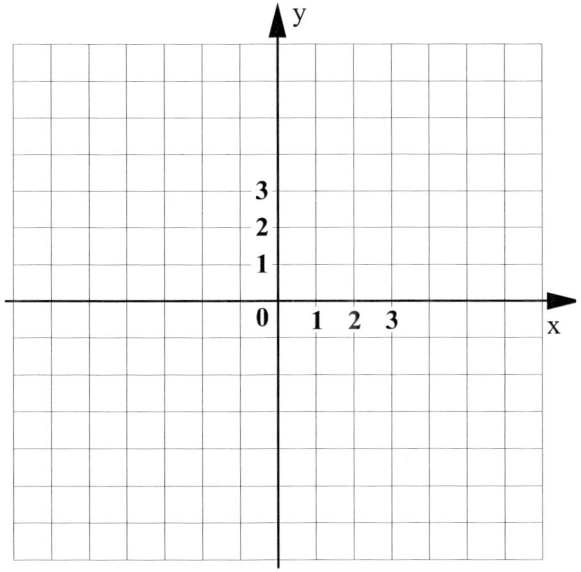

Station C4

Bestimme die Gleichung
y = mx + b.
Die Gerade verläuft
durch die beiden Punkte

a) P(3 | – 4) und Q(7 | – 2)

b) R(– 2 | 1) und S(2 | – 3)

Löse zeichnerisch und rechnerisch.

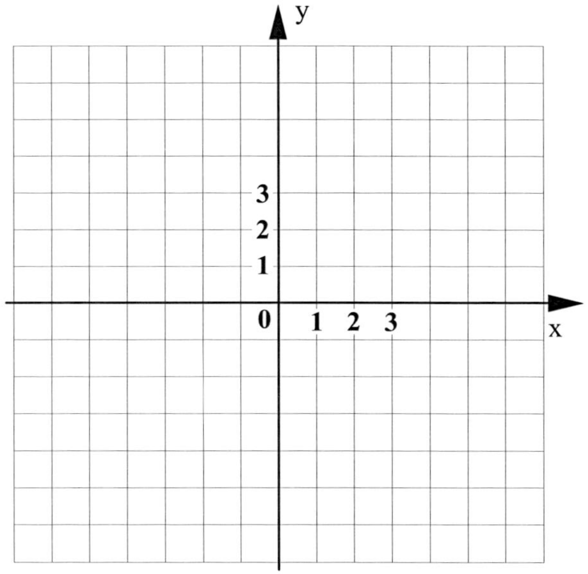

Station C3

a) $m = 6 : 9 \quad m = \frac{2}{3}$

b) $m = 4 : 1 \quad m = 4$

Anschließend stellst du fest, wo die y-Achse geschnitten wird.

Rechnerische Lösung:

a) $P(4 \mid 3)$, $Q(-5 \mid -3)$ (mit x_1, y_1, x_2, y_2)

$m = \frac{-3-3}{-5-4} \quad m = \frac{2}{3}$

$b = 3 - \frac{2}{3} \cdot 4 \quad b = \frac{1}{3}$

b) $R(1 \mid -1)$, $S(2 \mid 3)$ (mit x_1, y_1, x_2, y_2)

$m = \frac{3-(-1)}{2-1} \quad m = 4$

$b = -1 - 4 \cdot 1 \quad b = -5$

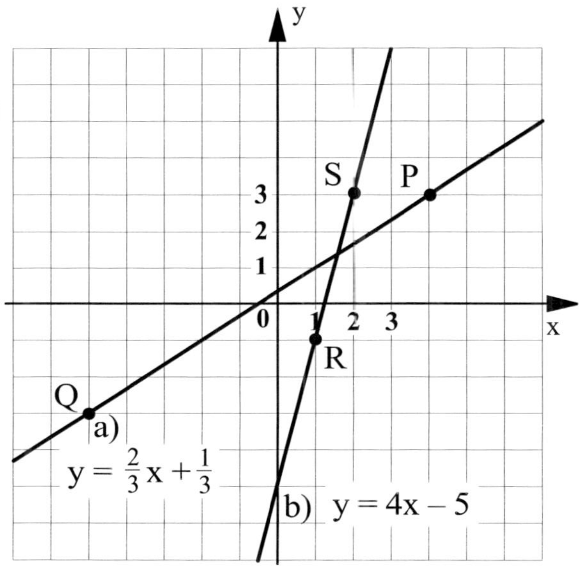

Station C4

a) $m = 2 : 4 \quad m = 0{,}5$

b) $m = 4 : 4 \quad m = -1$

Anschließend stellst du fest, wo die y-Achse geschnitten wird.

Rechnerische Lösung:

a) $P(3 \mid -4)$, $Q(7 \mid -2)$ (mit x_1, y_1, x_2, y_2)

$m = \frac{-2-(-4)}{7-3} \quad m = \frac{1}{2}$

$b = -4 - \frac{1}{2} \cdot 3 \quad b = -5{,}5$

b) $R(-2 \mid 1)$, $S(2 \mid -3)$ (mit x_1, y_1, x_2, y_2)

$m = \frac{-3-1}{2-(-2)} \quad m = -1$

$b = 1 - (-1) \cdot (-2) \quad b = -1$

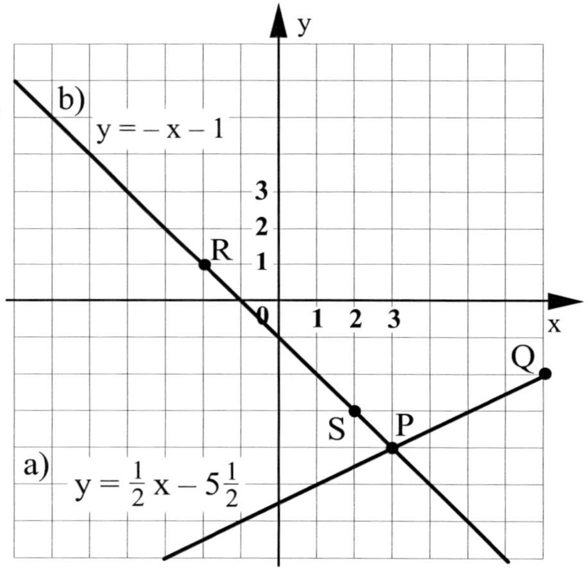

Station C5

Bestimme die Gleichung
y = mx + b.
Die Gerade verläuft
durch die beiden Punkte

a) P(– 6 | 6) und Q(– 2 | 3)

b) R(6 | 0) und S(– 6 | – 3)

Löse zeichnerisch und rechnerisch.

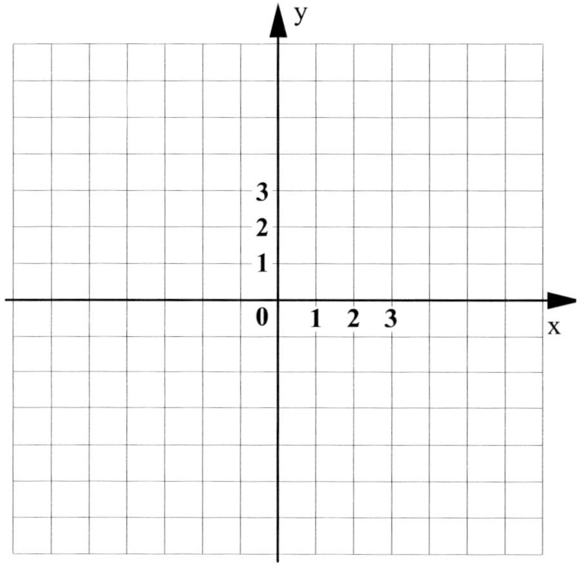

Station C6

Bestimme die Gleichung
y = mx + b.
Die Gerade verläuft
durch die beiden Punkte

a) P(– 5 | 2) und Q(– 2 | – 4)

b) R(4 | 6) und S(1 | – 6)

Löse zeichnerisch und rechnerisch.

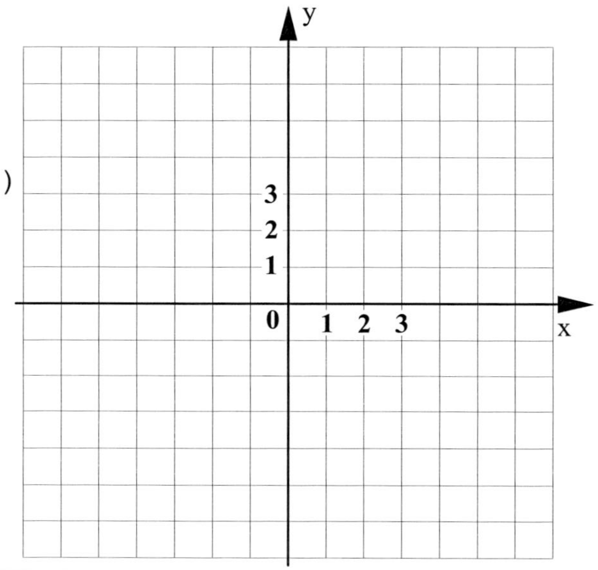

Station C5

a) m = 3 : 4 m = – 0,75

b) m = 3 : 12 m = 0,25

Anschließend stellst du fest, wo die y-Achse geschnitten wird.

Rechnerische Lösung:

a) P(– 6 | 6), Q(– 2 | 3) (x_1 y_1, x_2 y_2)

$m = \frac{3-6}{-2-(-6)}$ $m = -\frac{3}{4}$

$b = 6 - (-\frac{3}{4}) \cdot (-6)$ $b = 1{,}5$

b) R(6 | 0), S(– 6 | – 3) (x_1 y_1, x_2 y_2)

$m = \frac{-3-0}{-6-6}$ $m = \frac{1}{4}$

$b = 0 - \frac{1}{4} \cdot 6$ $b = -1{,}5$

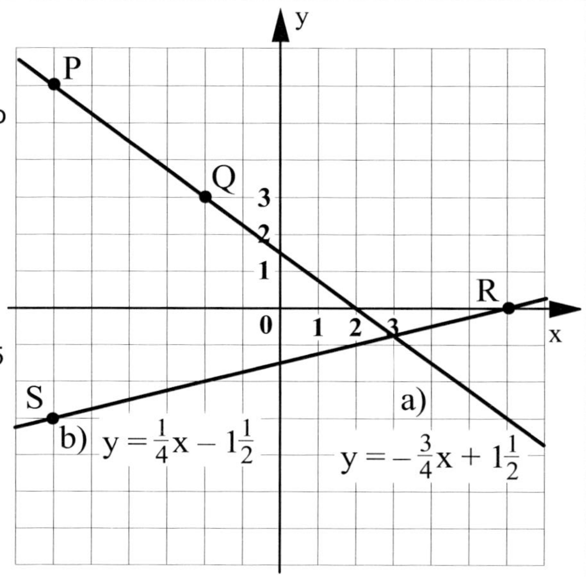

Station C6

a) m = 6 : 3 m = – 2

b) m = 12 : 3 m = 4

Anschließend stellst du fest, wo die y-Achse geschnitten wird.

Rechnerische Lösung:

a) P(– 5 | 2), Q(– 2 | – 4) (x_1 y_1, x_2 y_2)

$m = \frac{-4-2}{-2-(-5)}$ $m = -2$

$b = 2 - (-2) \cdot (-5)$ $b = -8$

b) R(4 | 6), S(1 | – 6) (x_1 y_1, x_2 y_2)

$m = \frac{-6-6}{1-4}$ $m = 4$

$b = 6 - 4 \cdot 4$ $b = -10$

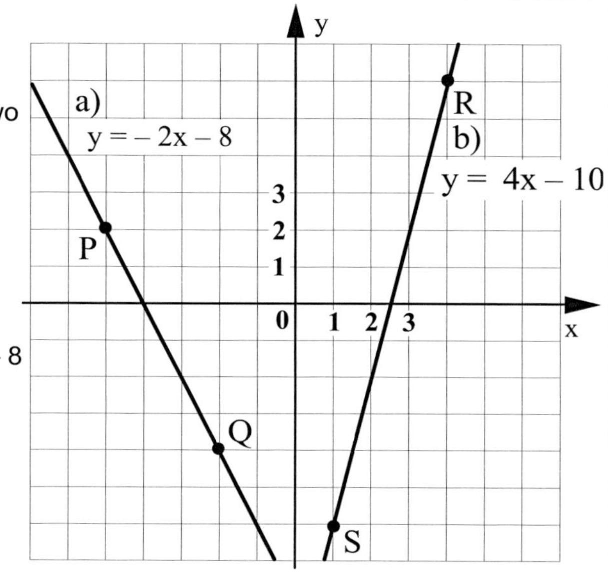

Station C7

Der Graph einer Funktion verläuft durch den angegebenen Punkt mit der Steigung m.

a) $O(-2 \mid -5)$ und $m = 2$

b) $P(5 \mid -6)$ und $m = -1\frac{1}{2}$

c) $Q(-6 \mid -1)$ und $m = \frac{4}{3}$

Wie lauten die Funktionsgleichungen?

Löse zeichnerisch und rechnerisch.

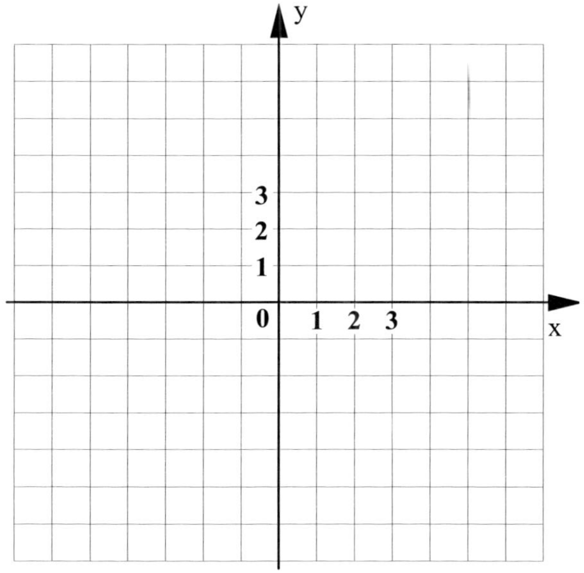

Station C8

Der Graph einer Funktion verläuft durch den angegebenen Punkt mit der Steigung m.

a) $O(3 \mid 4)$ und $m = -3$

b) $P(-5 \mid -4)$ und $m = \frac{2}{5}$

c) $Q(-2 \mid 5)$ und $m = -\frac{1}{3}$

Wie lauten die Funktionsgleichungen?

Löse zeichnerisch und rechnerisch.

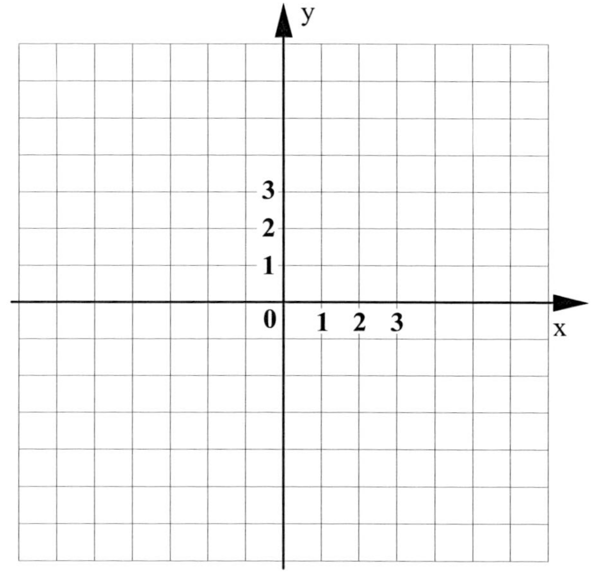

Station C7

Wenn du die Punkte O, P und Q richtig eingetragen hast und die Steigungsdreiecke exakt gezeichnet hast, kannst du ganz genau feststellen, dass die y-Achse jeweils bei
– 1
1,5
und 7
geschnitten wird.

a) $y = 2x - 1$

b) $y = -1\frac{1}{2}x + 1\frac{1}{2}$

c) $y = \frac{4}{3}x + 7$

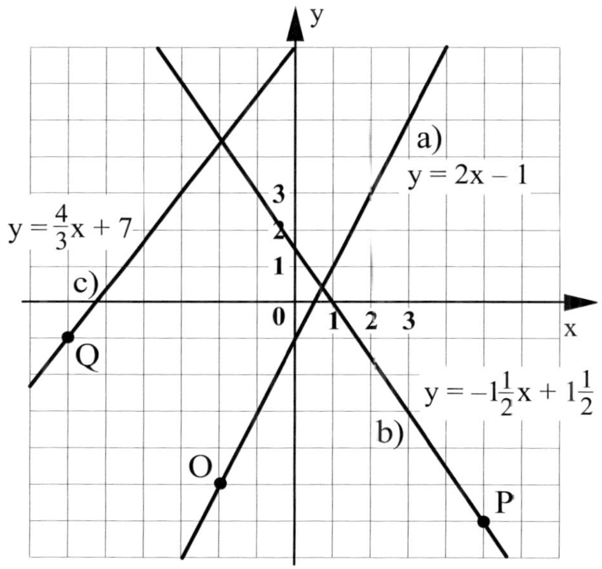

Station C8

Wenn du die Punkte O, P und Q richtig eingetragen hast und die Steigungsdreiecke exakt gezeichnet hast, kannst du ganz genau bestimmen, dass die y-Achse jeweils bei
13
– 2
und $4\frac{1}{3}$
geschnitten wird.

a) $y = -3x + 13$

b) $y = \frac{2}{5}x - 2$

c) $y = -\frac{1}{3}x + 4\frac{1}{3}$

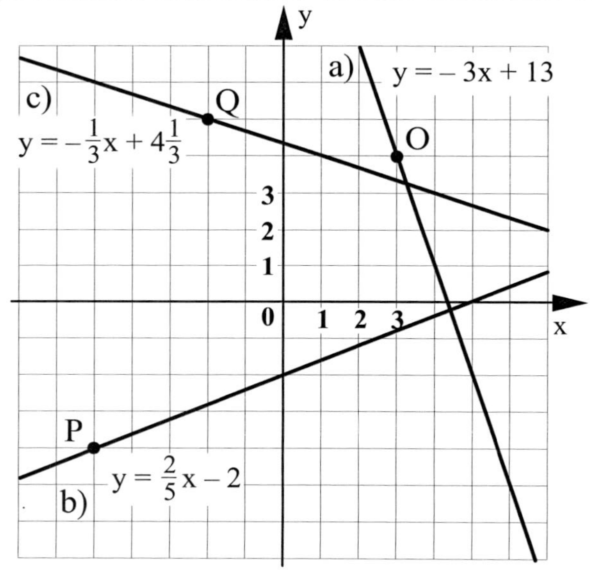

Station D5

Der Graph einer linearen Funktion schneidet die Koordinatenachsen in den Punkten

a) P(4 | 0) und Q(0 | – 3)

b) R(2 | 0) und S(0 | 6)

Wie lauten die jeweiligen Funktionsgleichungen?

Überprüfe auch rechnerisch.

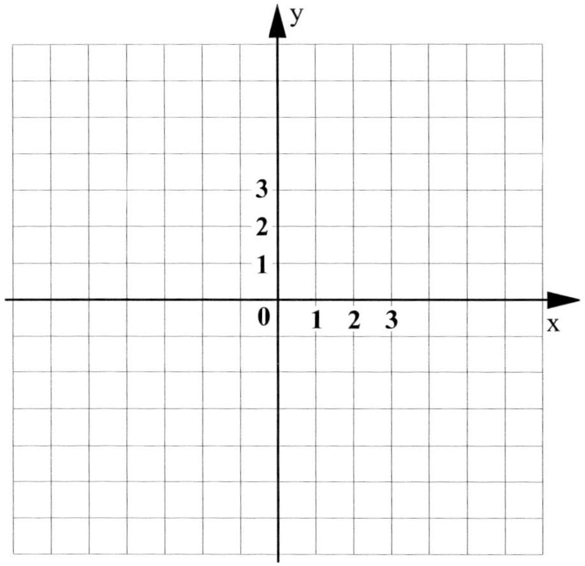

Station D6

Der Graph einer linearen Funktion schneidet die Koordinatenachsen in den Punkten

a) P(0 | – 6) und Q(–4,5 | 0)

b) R(6 | 0) und S(0 | – 4)

Wie lauten die jeweiligen Funktionsgleichungen?

Überprüfe auch rechnerisch.

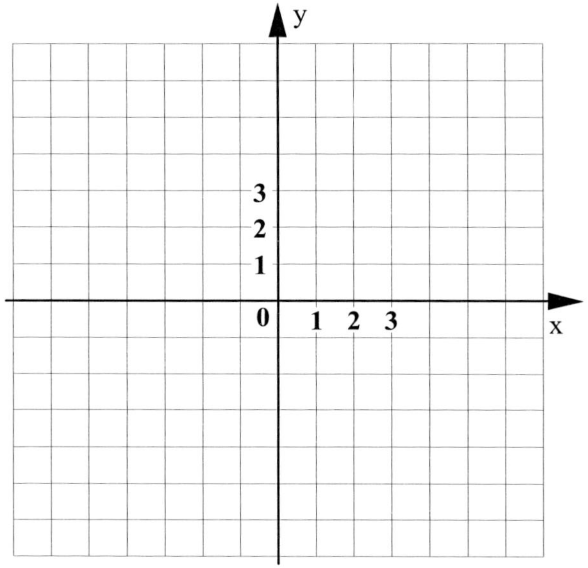

Station D5

Wenn du die Punkte P, Q, R und S und die Geraden richtig gezeichnet hast, erkennst du sofort, dass die y-Achse in Q(0 | – 3) bzw. S(0 | 6) geschnitten wird.
Die Steigung der 1. Geraden ist positiv und m = 0,75 oder $m = \frac{3}{4}$.
Die Steigung der 2. Geraden ist negativ, also m = – 3 (6 : 2).

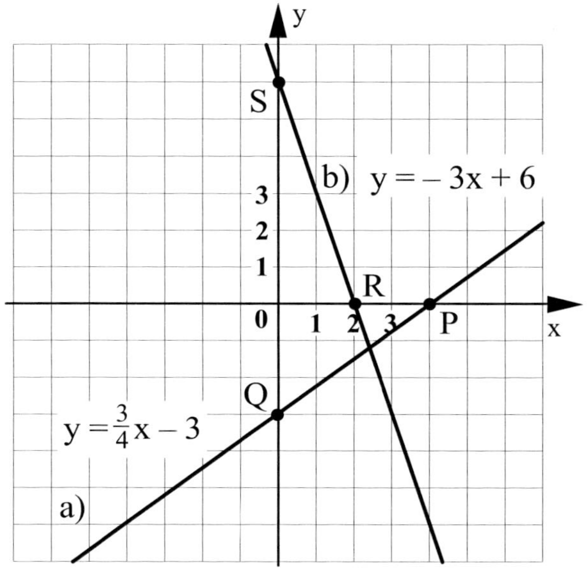

Station D6

Wenn du die Punkte P, Q, R und S und die Geraden richtig gezeichnet hast, erkennst du sofort, dass die y-Achse in P(0 | – 6) bzw. S(0 | – 4) geschnitten wird.
Die Steigung der 1. Geraden ist negativ und $m = -\frac{4}{3}$.
Die Steigung der 2. Geraden ist positiv und $m = \frac{2}{3}$ (4 : 6).

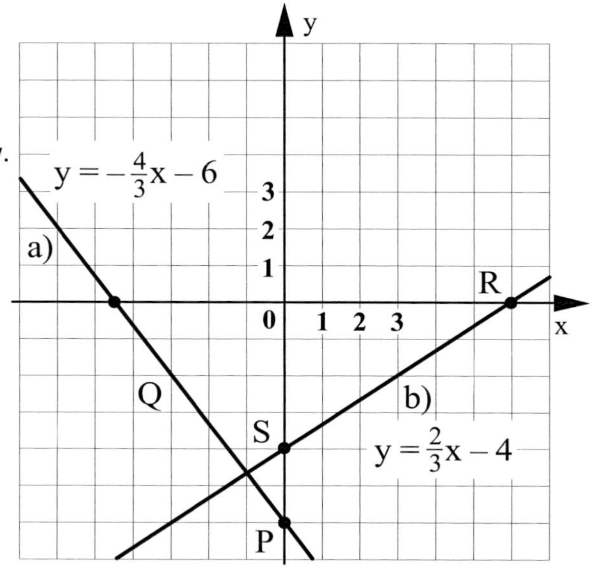

Station F1

Welche Punkte liegen auf der Geraden y = 1,5x – 4? Löse graphisch.

P (1 | – 2,5)

Q(– 2 | – 6)

R(4 | 2)

S(0 | – 4)

T(5 | 4)

U(2 | – 1)

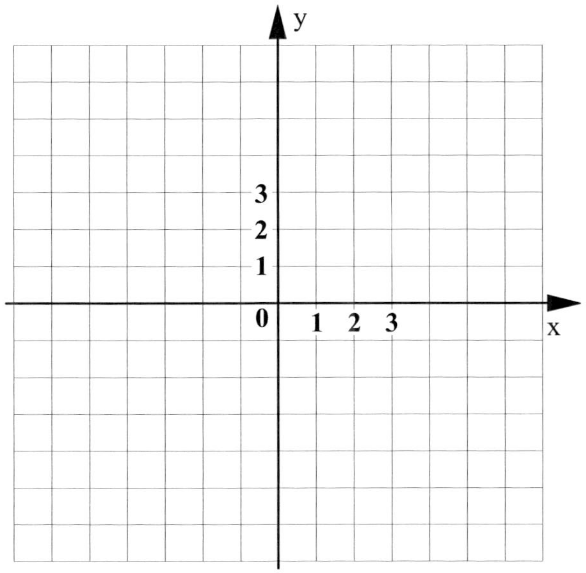

Station F2

Welche Punkte liegen auf der Geraden y = 2,5x – 1? Löse rechnerisch.

P (– 2 | – 1)

Q(– 1 | – 3,5)

R(2 | 1)

S(1 | 4,5)

T(1 | 1,5)

U(3 | 6,5)

Station F1

Zeichne die Punkte ein.

P(1 | – 2,5) ja

Q(– 2 | – 6) nein

R(4 | 2) ja

S(0 | – 4) ja

T(5 | 4) nein

U(2 | – 1) ja

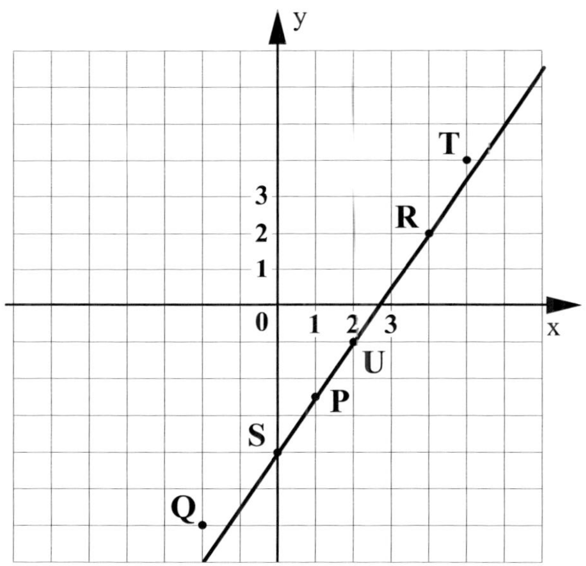

Station F2

Setze die x-Werte ein und rechne den zugehörigen y-Wert aus.

y = 2,5x – 1

P (– 2 | – 1)	– 1 = 2,5 • (– 2) – 1	falsch, denn – 1 ≠ – 6
Q(– 1 | – 3,5)	– 3,5 = 2,5 • (– 1) – 1	richtig
R(2 | 1)	1 = 2,5 • 2 – 1	falsch, denn 1 ≠ 4
S(1 | 4,5)	4,5 = 2,5 • 1 – 1	falsch, denn 4,5 ≠ 1,5
T(1 | 1,5)	1,5 = 2,5 • 1 – 1	richtig
U(3 | 6,5)	6,5 = 2,5 • 3 – 1	richtig

Station D7

Von einer Geraden sind die beiden Schnittpunkte mit den Koordinatenachsen gegeben.
Wie lautet ihre Gleichung $y = mx + b$?

a) (0 | 3); (2 | 0)

b) (0 | – 5); (3 | 0)

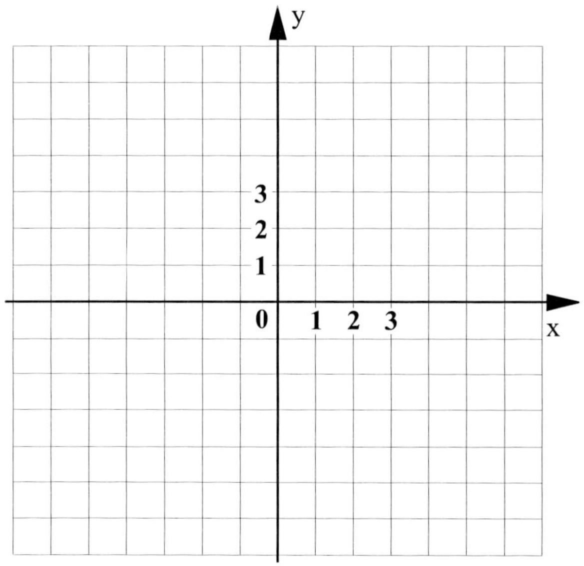

Station D8

An welcher Stelle wird die x-Achse von der Geraden geschnitten?
Zeichne die Geraden

a) $y = -2x - 6$

b) $y = 0{,}6x + 3$

und ermittle den Schnittpunkt zeichnerisch.

Überprüfe auch rechnerisch.

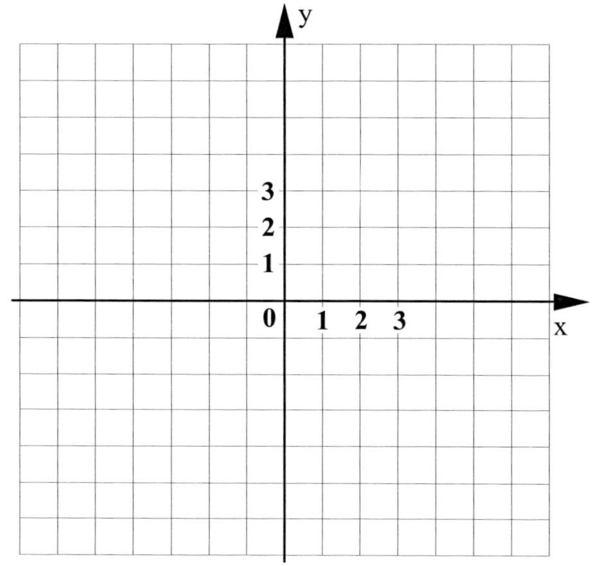

Station D7

Wenn du die vier Punkte und die Geraden richtig gezeichnet hast, erkennst du sofort, dass die y-Achse in (0 | 3) bzw. (0 | – 5) geschnitten wird.
Die Steigung der 1. Geraden ist negativ und $m = -1{,}5$ oder $m = -\frac{3}{2}$.
Die Steigung der 2. Geraden ist positiv und $m = \frac{5}{3}$.

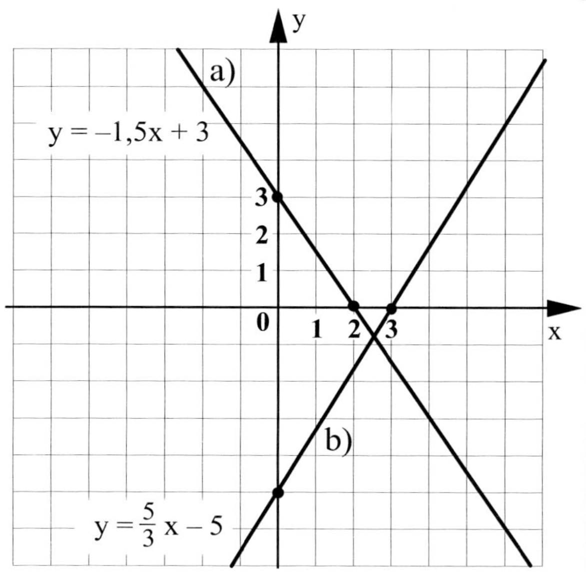

Station D8

Wenn du richtig gezeichnet hast, erkennst du sehr leicht, wo die x-Achse geschnitten wird.
Du hast doch sicherlich erkannt, dass $m = 0{,}6$ und $m = \frac{3}{5}$ dasselbe aussagen?

a) $y = -2x - 6$
Schnittpunkt (– 3 | 0)

b) $y = 0{,}6x + 3$
Schnittpunkt (– 5 | 0)

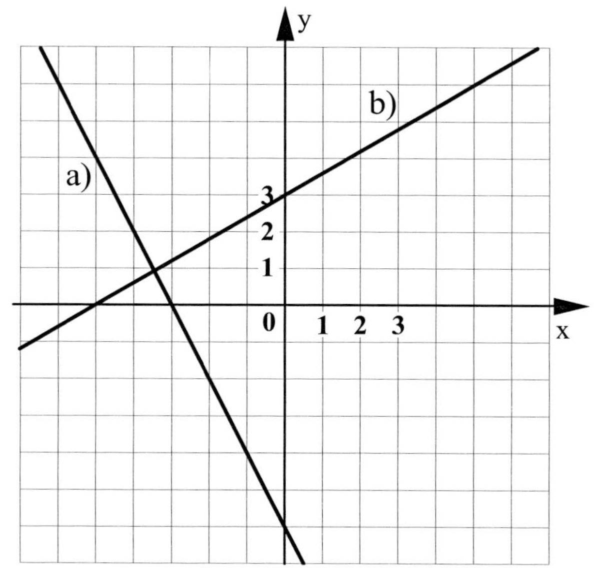

Station F3

An welcher Stelle nimmt die Funktion

a) $y = -2x + 5$

b) $y = -3x + 4$

c) $y = 6x - 2$

d) $y = -1{,}5x + 7$

e) $y = \frac{1}{3}x - 1$

f) $y = 0{,}2x - 4$

den Wert 2 an?

Welchen x-Wert musst du einsetzen, damit sich als Ergebnis $y = 2$ ergibt?

Station F4

An welcher Stelle nimmt die Funktion

a) $y = -3x - 6$

b) $y = 2x + 2$

c) $y = 1{,}5x + 1{,}5$

d) $y = -1{,}5x - 6$

e) $y = \frac{1}{6}x - 1$

f) $y = 0{,}2x - 2$

den Wert – 3 an?

Welchen x-Wert musst du einsetzen, damit sich als Ergebnis $y = -3$ ergibt?

Station F3

Setze für y jeweils den Wert 2 ein und rechne den x-Wert aus.

a) $y = -2x + 5$

b) $y = -3x + 4$

c) $y = 6x - 2$

d) $y = -1{,}5x + 7$

e) $y = \frac{1}{3}x - 1$

f) $y = 0{,}2x - 4$

a) $2 = -2x + 5$; $-3 = -2x$; $1{,}5 = x$

b) $2 = -3x + 4$; $-2 = -3x$; $\frac{2}{3} = x$

c) $2 = 6x - 2$; $4 = 6x$; $\frac{2}{3} = x$

d) $2 = -1{,}5x + 7$; $-5 = -1{,}5x$; $3\frac{1}{3} = x$

e) $2 = \frac{1}{3}x - 1$; $3 = \frac{1}{3}x$; $9 = x$

f) $2 = 0{,}2x - 4$; $6 = 0{,}2x$; $30 = x$

Station F4

Setze für y jeweils den Wert – 3 ein und rechne den x-Wert aus.

a) $y = -3x - 6$

b) $y = 2x + 2$

c) $y = 1{,}5x + 1{,}5$

d) $y = -1{,}5x - 6$

e) $y = \frac{1}{6}x - 1$

f) $y = 0{,}2x - 2$

a) $-3 = -3x - 6$; $3 = -3x$; $-1 = x$

b) $-3 = 2x + 2$; $-5 = 2x$; $-2{,}5 = x$

c) $-3 = 1{,}5x + 1{,}5$; $-4{,}5 = 1{,}5x$; $-3 = x$

d) $-3 = -1{,}5x - 6$; $3 = -1{,}5x$; $-2 = x$

e) $-3 = \frac{1}{6}x - 1$; $-2 = \frac{1}{6}x$; $-12 = x$

f) $-3 = 0{,}2x - 2$; $-1 = 0{,}2x$; $-5 = x$

Station B21 !

Bringe auf die y-Form
und zeichne die Gerade.

a) $3y = -6x + 9$

b) $-4y + 2x = -8$

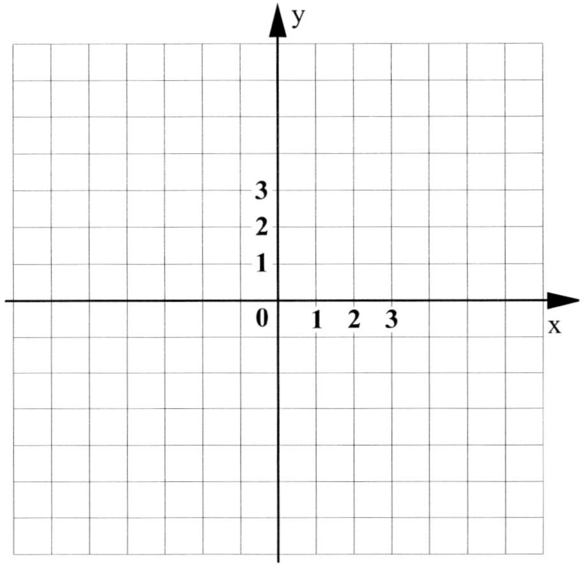

Station B22 ★

Bringe auf die y-Form
und zeichne die Gerade.

a) $2y = -3x + 6$

b) $5x - 3y = 12$

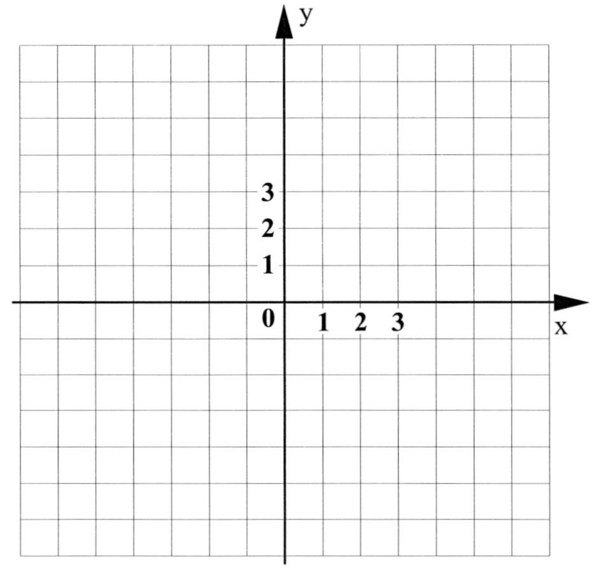

Station B21 !

a) $3y = -6x + 9$

$y = -2x + 3$

Die y-Achse wird bei (0 | 3) geschnitten, m = – 2

b) $-4y + 2x = -8$

$-4y = -2x - 8$

$y = 0{,}5x + 2$

Die y-Achse wird bei (0 | 2) geschnitten, m = 0,5

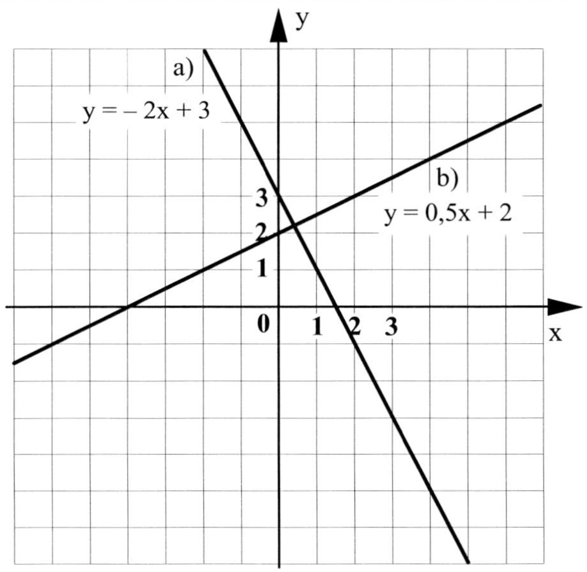

Station B22 ★

a) $2y = -3x + 6$

$y = -1{,}5x + 3$

Die y-Achse wird bei (0 | 3) geschnitten, m = – 1,5

b) $5x - 3y = 12$

$-3y = -5x + 12$

$y = \frac{5}{3}x - 4$

Die y-Achse wird bei (0 | – 4) geschnitten, m = $\frac{5}{3}$

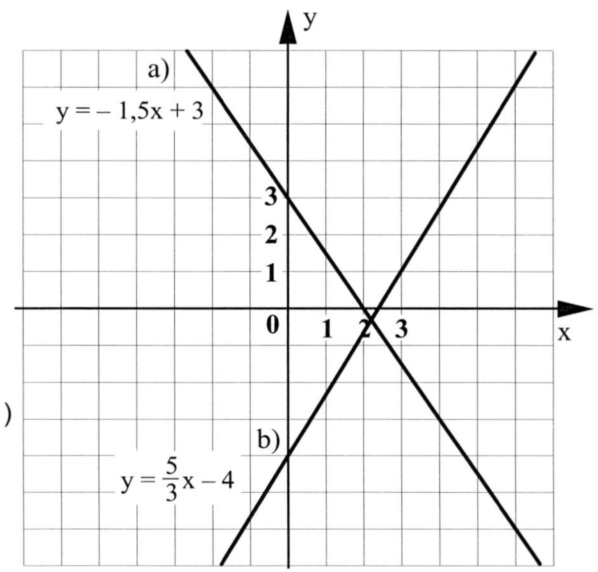

Station E1

Kalle Flitzereifen wohnt in A-Dorf; Emil Platten in B-Dorf. A-Dorf ist 50 km entfernt von B-Dorf. Kalle und Emil wollen sich treffen und fahren gleichzeitig mit ihren Fahrrädern um 8 Uhr los. Kalle legt ein Tempo von 15 km/h vor, Emil ein Tempo von 10 km/h.
Wann treffen sich die beiden? Wie viele km hat Kalle zurückgelegt, wie viele km musste Emil strampeln?

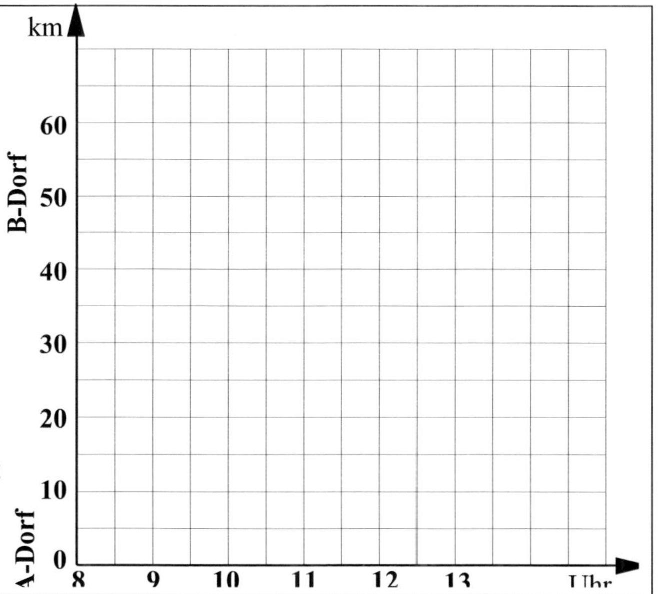

Station E2

Nick Knatterton fährt mit seiner Mofa um 8.00 Uhr von A-Dorf ab. Seine durchschnittliche Geschwindigkeit beträgt 17,5 km/h.
90 Minuten später macht sich Fritze Brösel auf seiner Honda mit einer Geschwindigkeit von 50 km/h auf denselben Weg.
Wann und nach wie viel km holt Fritze Brösel Nick Knatterton ein?

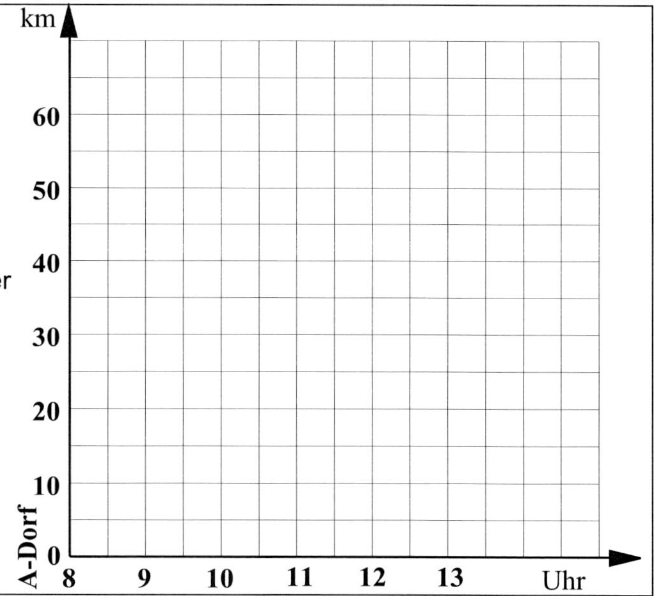

Station E1

Um 9 Uhr hat Kalle 15 km geschafft.
Emil startet bei Kilometer 50 und ist nach einer Stunde bei Kilometer 40 angelangt.
Mache einfach weiter.

Kalle Flitzereifen und Emil Platten treffen sich um 10.00 Uhr.
Kalle hat 30 km zurückgelegt,
Emil 20 km.

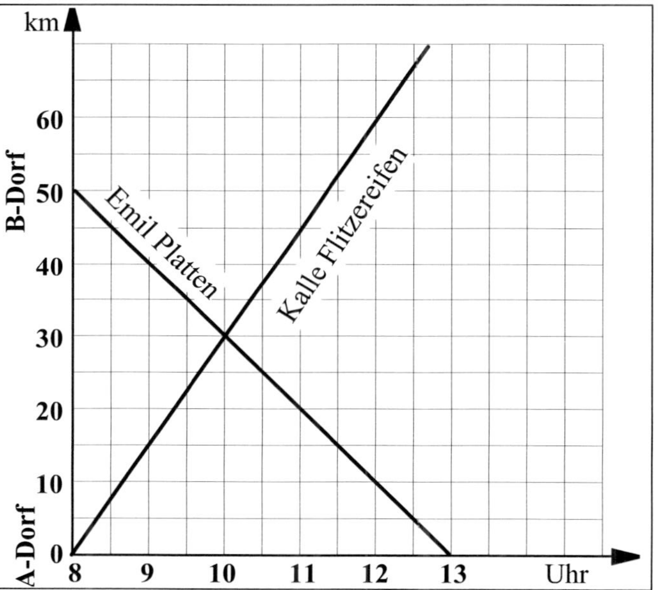

Station E2

Zeichnerische Lösung:
Nach ungefähr 48 Minuten überholt Fritze Brösel Nick Knatterton. Beide haben dann 40 km zurückgelegt.

Exaktere Werte durch rechnerische Lösung:

Fritze Brösel holt Nick Knatterton nach 48 min und 27,69 s ein.
Beide haben dann 40,385 km zurückgelegt.

Ansatz:
90 min = 1,5 h
$17,5(x + 1,5) = 50x$

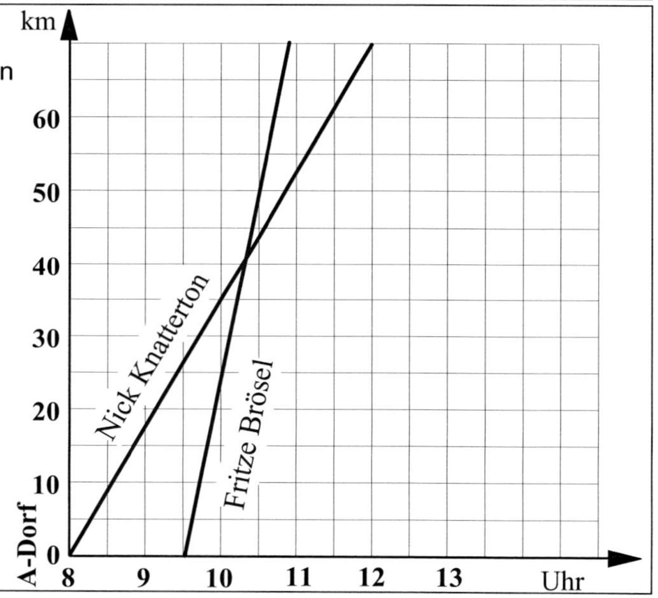

Station E3

Manni Truckdriver und Freddi Bus fahren mit ihren Fahrzeugen die gleiche Strecke von Hamburg nach München. Manni ist schon 150 km von Hamburg entfernt, als Freddi sich mit seinem Bus auf die Reise macht.
Manni fährt durchschnittlich 60 Kilometer in 1 Stunde, Freddi 100 km in 1 Stunde.
Wann und wo überholt Freddi Bus Manni Truckdriver?

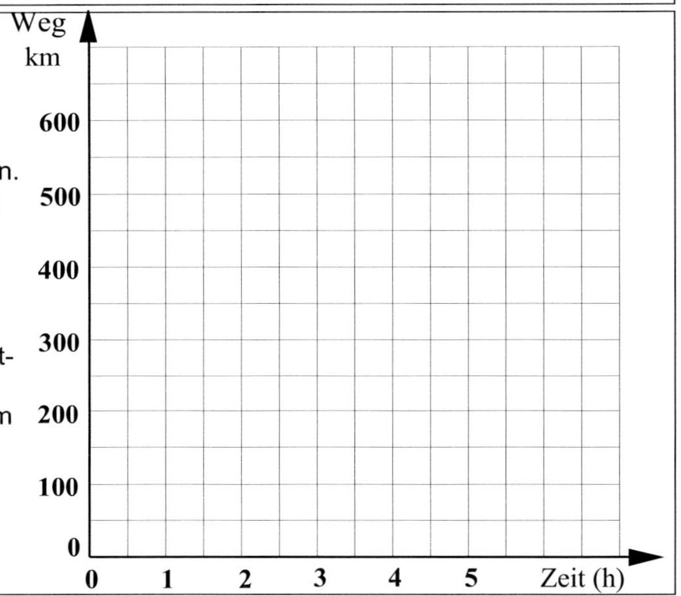

Station E4

Karlchen Powerwalker und Igor Ironman halten sich fit und laufen einen Kurs von 30 km in entgegengesetzter Richtung. Karlchen von A aus, Igor von B. Sie starten beide um 10.00 Uhr. Sie treffen sich um 11.15 Uhr bei Kilometer 17,5 von B aus gesehen.
Wie viele Kilometer hat Karlchen zurückgelegt, wie viele Igor?
Welche Geschwindigkeit hatten beide drauf?

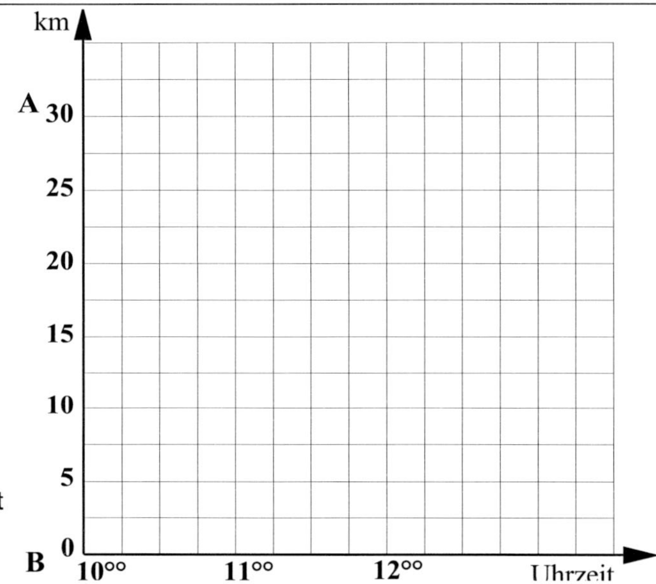

Station E3

Bei der zeichnerischen Lösung gibst du Manni einfach einen Vorsprung von 150 km und startest von diesem Punkt aus mit einer Geschwindigkeit von 60 km/h.

Freddi Bus ist nach 3 Stunden und 45 Minuten auf gleicher Höhe mit Manni Truckdriver.
Beide haben dann 375 km zurückgelegt.

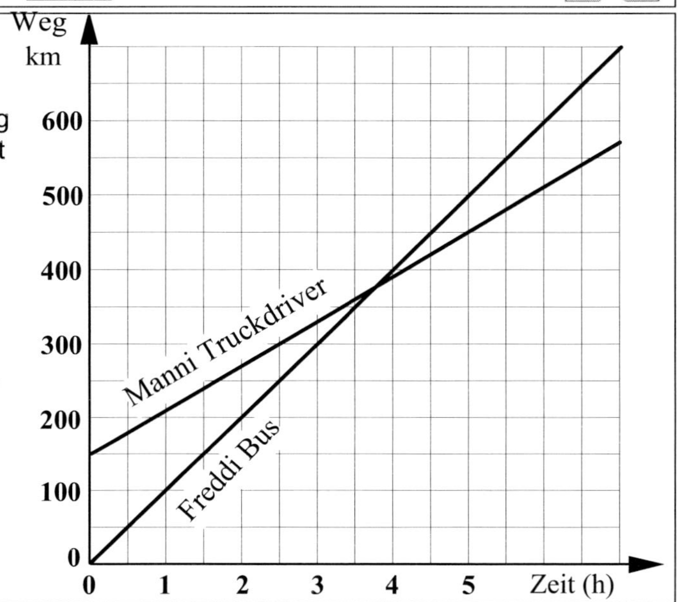

Station E4

Du markierst 11.15 h und Kilometer 17,5 und verbindest mit Punkt A bzw. Punkt B.

Karlchen Powerwalker hat 12,5 km zurückgelegt, Igor Ironman 17,5 km.
Karlchens Geschwindigkeit betrug 10 km/h, Igors Geschwindigkeit 14 km/h.

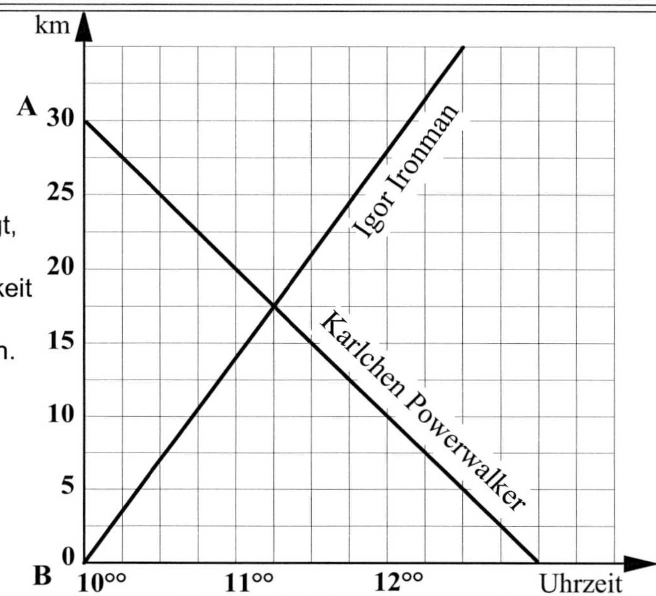

Station E5

Löse graphisch

$y = -0{,}5x + 2{,}5$
$y = x + 4$

Überprüfe auch rechnerisch.

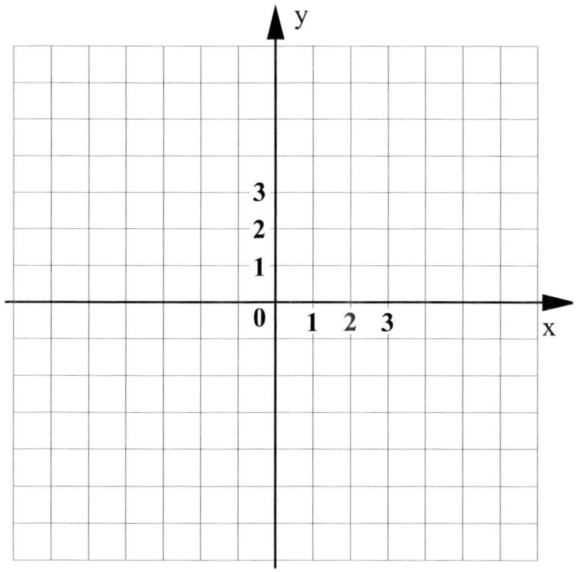

Station E6

Löse graphisch

$y = 3x - 5$
$y = -\frac{1}{2}x - 1{,}5$

Überprüfe auch rechnerisch.

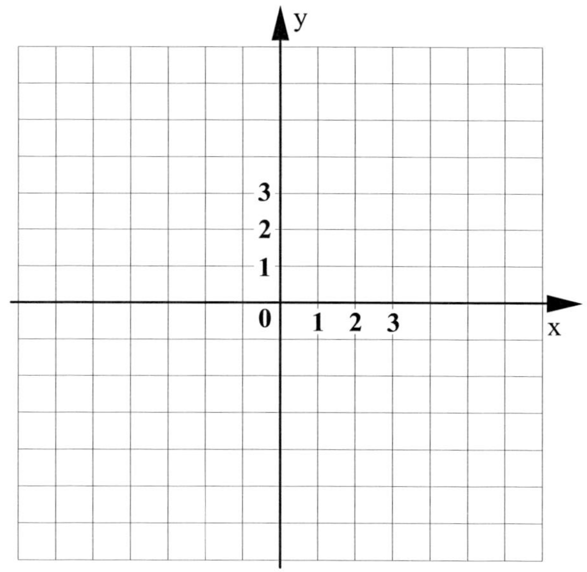

Station E5

Wenn du die beiden Geraden zeichnest, dann schneiden sie sich im Punkt P(−1 | 3). Der x-Wert und der y-Wert des Schnittpunktes erfüllen sowohl die erste als auch die zweite Gleichung.

Lösung: (− 1 | 3)

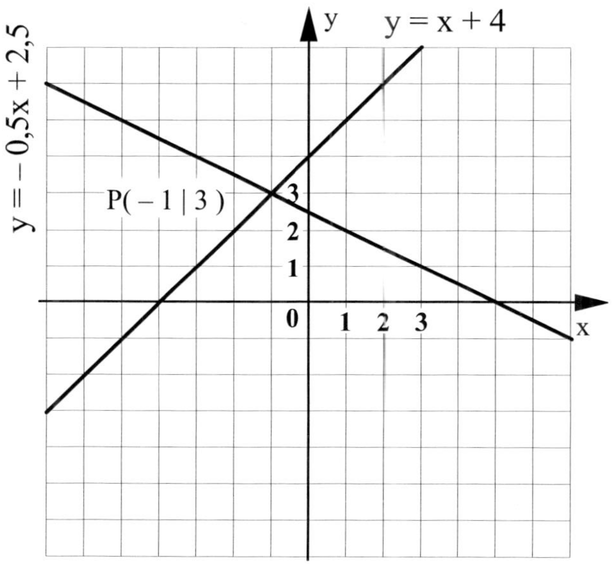

Station E6

Wenn du die beiden Geraden zeichnest, dann schneiden sie sich im Punkt P(1 | − 2). Der x-Wert und der y-Wert des Schnittpunktes erfüllen sowohl die erste als auch die zweite Gleichung.

Lösung: (1 | − 2)

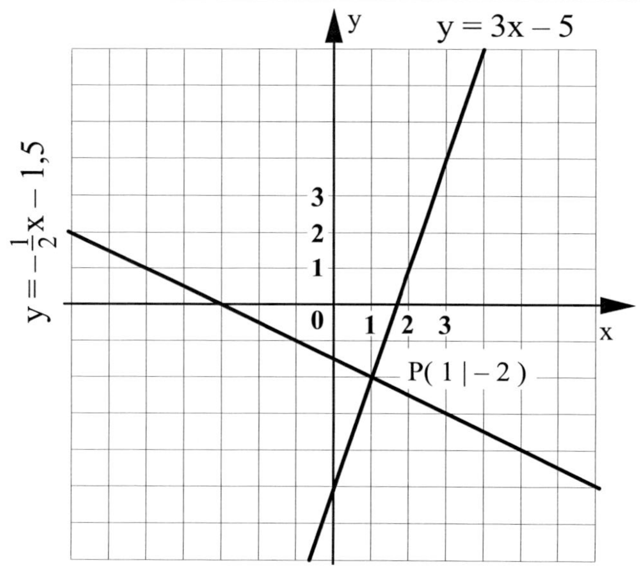

Station E7

Löse graphisch

$2x + 2y = 6$
$2y - 2x = 2$

Überprüfe auch rechnerisch.

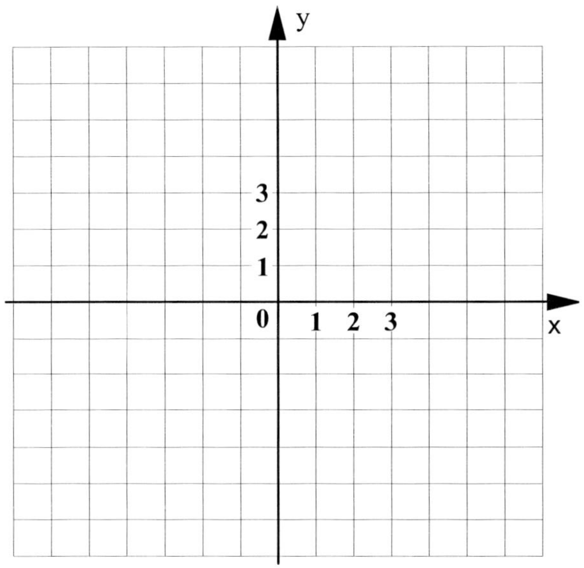

Station E8

Löse graphisch

$x - 3y = 6$
$3x + 2y = 7$

Überprüfe auch rechnerisch.

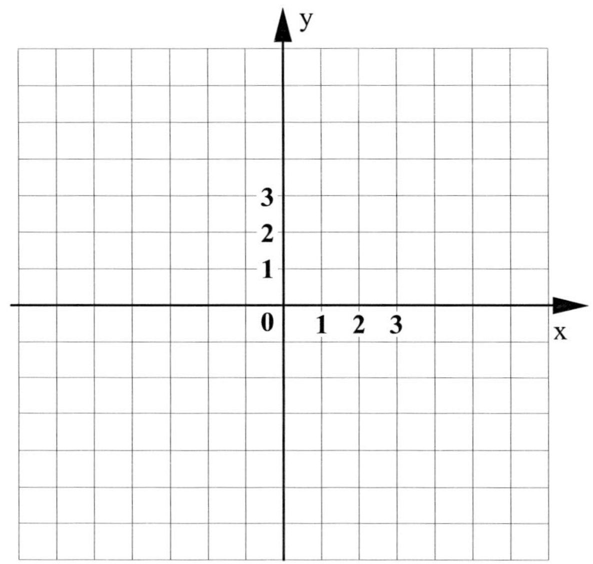

Station E7

Du bringst beide Gleichungen auf die y-Form und zeichnest die Geraden.

$2x + 2y = 6$
$2y = -2x + 6$
$y = -x + 3$
$2y - 2x = 2$
$2y = 2x + 2$
$y = x + 1$

Die Geraden schneiden sich in P(1 | 2).
Der x-Wert und der y-Wert des Schnittpunktes erfüllen sowohl die erste als auch die zweite Gleichung.

Lösung: (1 | 2)

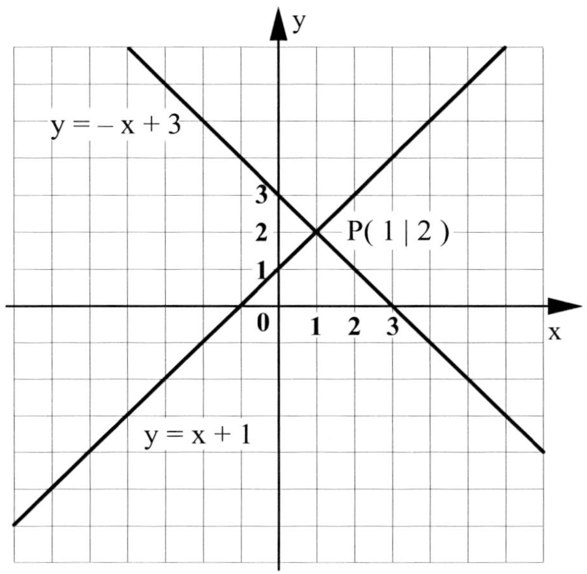

Station E8

Du bringst beide Gleichungen auf die y-Form und zeichnest die Geraden.

$x - 3y = 6$
$-3y = -x + 6$
$y = \frac{1}{3}x - 2$
$3x + 2y = 7$
$2y = -3x + 7$
$y = -\frac{3}{2}x + 3\frac{1}{2}$

Die Geraden schneiden sich in P(3 | – 1).
Der x-Wert und der y-Wert des Schnittpunktes erfüllen sowohl die erste als auch die zweite Gleichung.

Lösung: (3 | – 1)

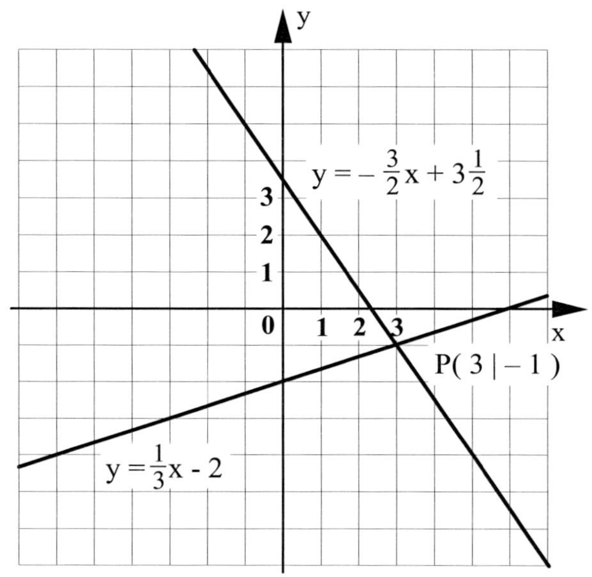

Station E9

Löse graphisch

$-4x + 5y = 15$

$6x + 2y = -32$

Überprüfe auch rechnerisch.

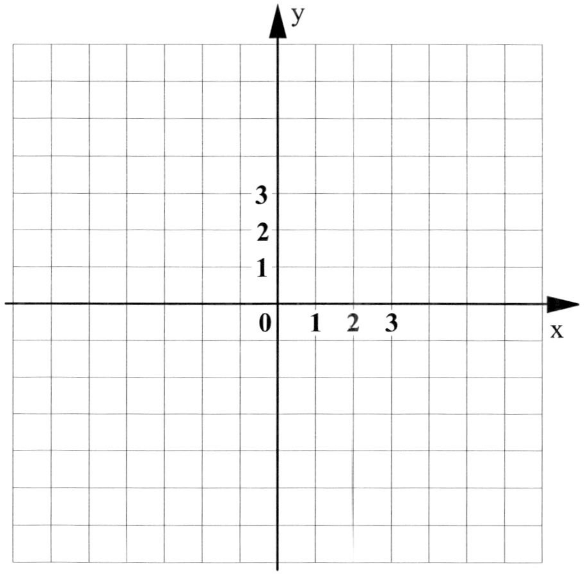

Station E10

Mr Collectstamps kauft für 24 $ Briefmarken, und zwar Marken zu 3 $ und Marken zu 2 $. Der Postbeamte händigt ihm insgesamt 10 Briefmarken aus. Stelle die Gleichungen auf und löse graphisch.

Überprüfe auch rechnerisch.

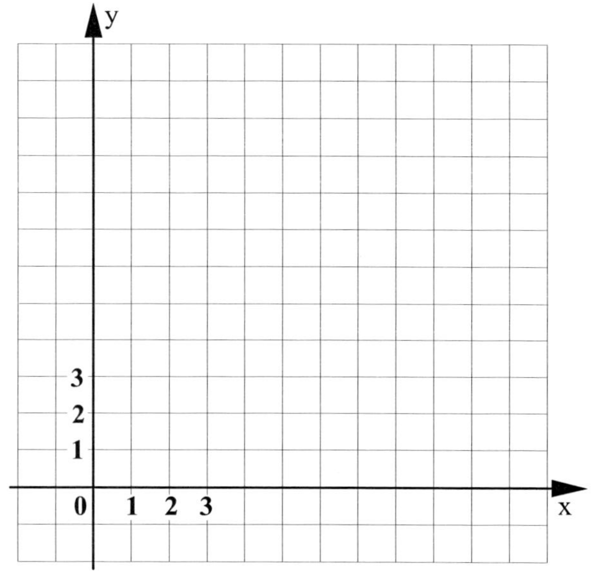

Station E9

Du bringst beide Gleichungen auf die y - Form und zeichnest die Geraden.

$$-4x + 5y = 15$$
$$5y = 4x + 15$$
$$y = \frac{4}{5}x + 3$$

$$6x + 2y = -32$$
$$2y = -6x - 32$$
$$y = -3x - 16$$

Die Gerade $y = -3x - 16$ lässt sich schlecht zeichnen. Berechne den y - Wert für $x = -3$ folgendermaßen:
$y = (-3) \cdot (-3) - 16$
$y = -7$

Lösung: $(-5 \mid -1)$

Die Geraden schneiden sich in $P(-5 \mid -1)$.

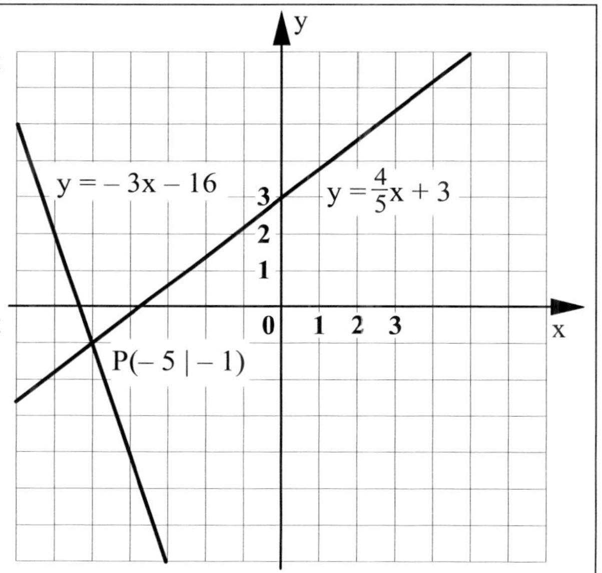

Station E10

Mr Collectstamps kauft x Briefmarken zu 3 $ und y Briefmarken zu 2 $. Er erhält 10 Briefmarken, also $x + y = 10$.

y - Form: $y = -x + 10$

Die x Briefmarken zu 3 $ kosten insgesamt $3 \cdot x$ $, die y Briefmarken $2 \cdot y$ $. Er bezahlt insgesamt 24 $, also $3x + 2y = 24$.

y - Form: $2y = -3x + 24$
$y = -1{,}5x + 12$

Lösung: $(4 \mid 6)$

Er kauft 4 Briefmarken zu 3 $ und 6 Marken zu 2 $.

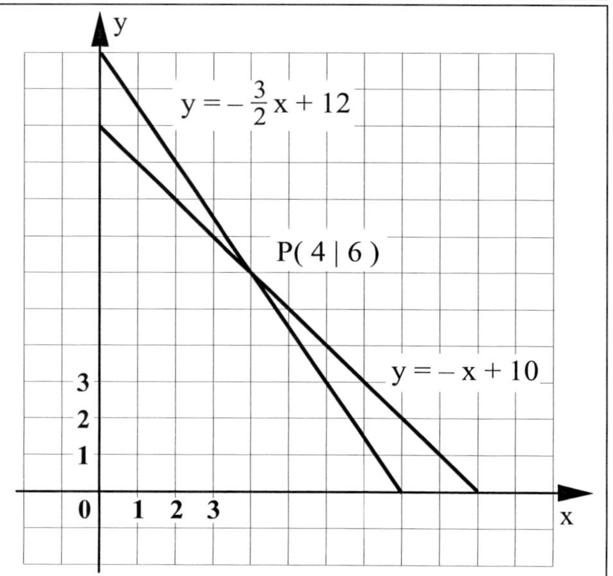

Station B23

Zeichne den Graphen zu der folgenden stückweise linearen Funktion:

$y = -3$ für $x < -2$
$y = 2x + 1$ für $-2 \le x < 3$
$y = 7$ für $3 \le x$

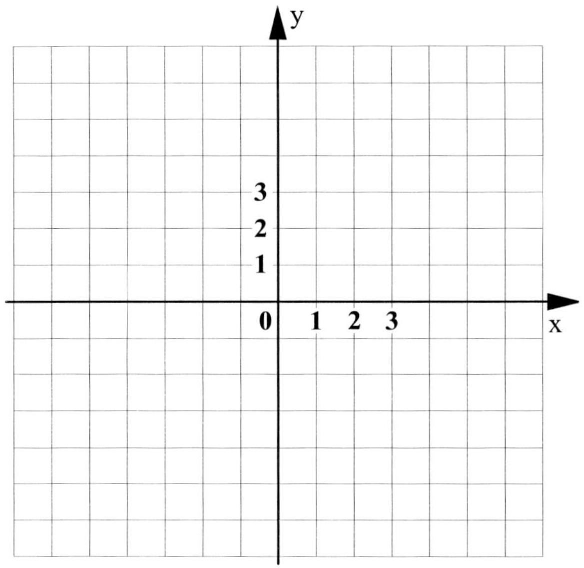

Station B24

Zeichne den Graphen zu der folgenden stückweise linearen Funktion:

$y = -x - 4$ für $x < -2$
$y = 0{,}5x - 1$ für $-2 \le x < 5$
$y = 2$ für $5 \le x$

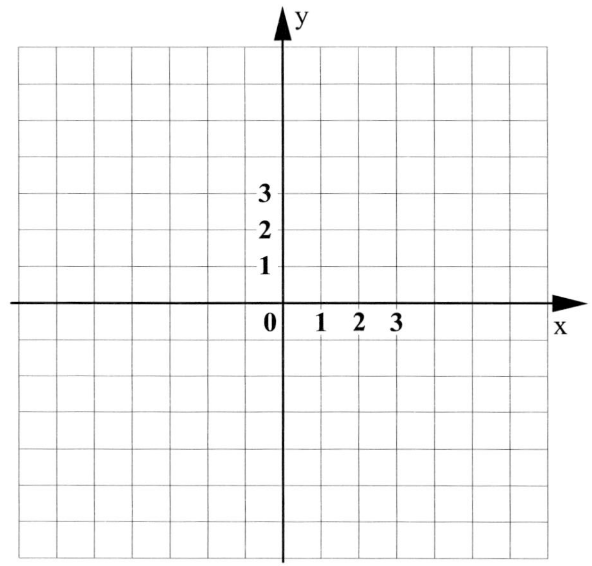

Station B23

Zeichne den Graphen zu der folgenden stückweise linearen Funktion:

$y = -3$ für $x < -2$
$y = 2x + 1$ für $-2 \le x < 3$
$y = 7$ für $3 \le x$

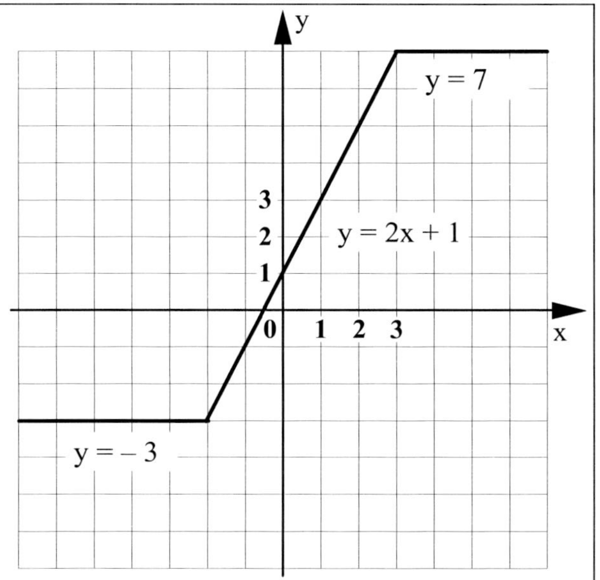

Station B24

Zeichne den Graphen zu der folgenden stückweise linearen Funktion:

$y = -x - 4$ für $x < -2$
$y = 0{,}5x - 1$ für $-2 \le x < 5$
$y = 2$ für $5 \le x$

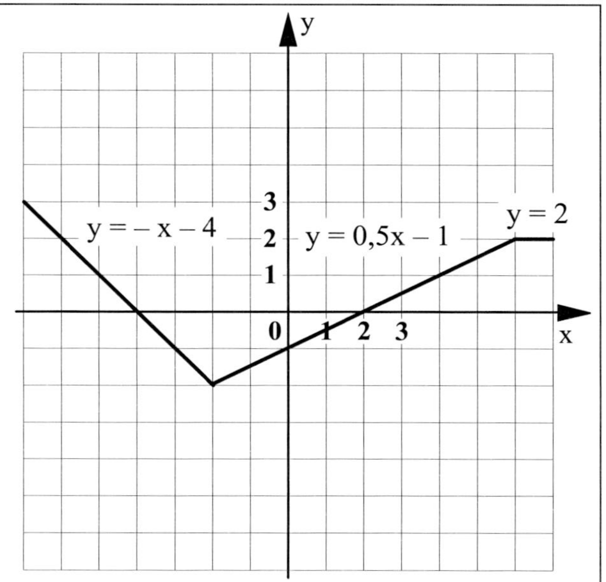

Station B25

Lehrer Peter Pedalo fährt grundsätzlich mit dem Fahrrad zur Schule. Anhand des Graphen kannst du sicherlich ein paar Fragen beantworten.

a) Wie viele km hat er nach 5 Minuten zurückgelegt?

b) Wie weit ist seine Schule von seiner Wohnung entfernt?

c) Wann ging die Strecke bergab?

d) Nach wie vielen km musste er an einer roten Ampel anhalten?

e) Wie lange wartete er an der Ampel?

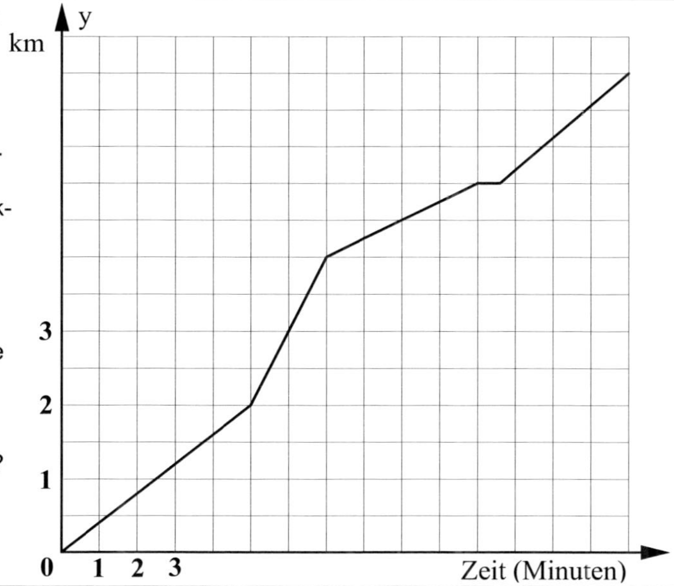

Station B25

a) 2 km

b) 6,5 km

c) Von km 2 bis km 4 ging die Strecke bergab. Für die Strecke brauchte er 2 Minuten.

d) Nach 5 km musste er an einer roten Ampel anhalten.

e) 36 Sekunden

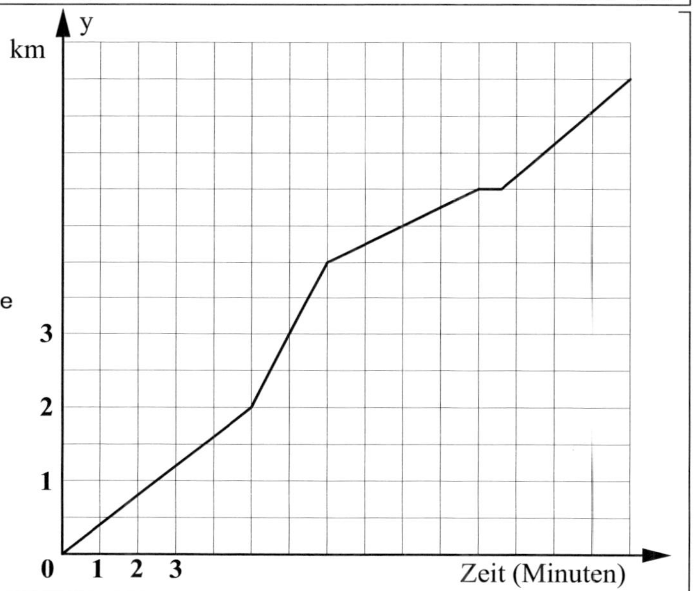

Station B26

Mit seiner Klasse hat Lehrer Peter Pedalo eine Radtour unternommen. Er berichtet seiner Frau davon:
»In den ersten 90 Minuten haben wir 25 km geschafft. Dann haben wir eine Pause von 30 Minuten gemacht. In den nächsten drei Stunden haben wir dann nur 15 km geschafft, weil es bergauf ging. Wir mussten sogar eine Stunde rasten, so fertig waren wir. Für die letzten 20 km haben wir dann 90 Minuten gebraucht.« Erstelle den Graphen für diese Radtour.

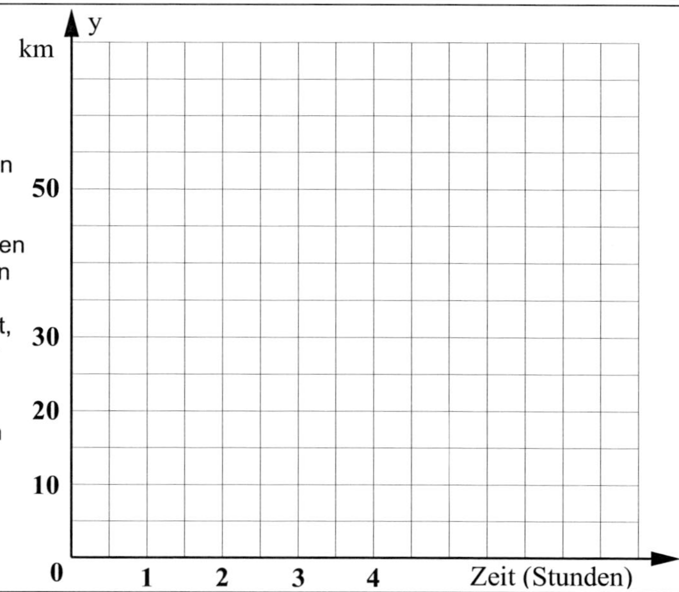

Station B26

Mit seiner Klasse hat Lehrer Peter Pedalo eine Radtour unternommen. Er berichtet seiner Frau davon:
»In den ersten 90 Minuten haben wir 25 km geschafft. Dann haben wir eine Pause von 30 Minuten gemacht. In den nächsten drei Stunden haben wir dann nur 15 km geschafft, weil es bergauf ging. Wir mussten sogar eine Stunde rasten, so fertig waren wir. Für die letzten 20 km haben wir dann 90 Minuten gebraucht.« Erstelle den Graphen für diese Radtour.

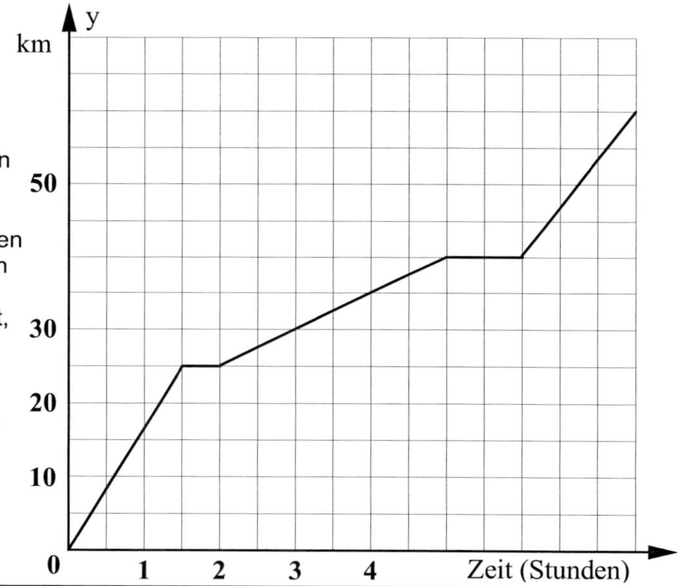

Station B27

Hier siehst du den Graphen, wie Harry Bleifoot an einem ganz normalen Wochentag mit seinem »Perpedes« nach Hause fuhr.

a) Wie lange war Harry unterwegs?

b) Auf welchem Streckenabschnitt erreichte Harry seine größte (kleinste) Geschwindigkeit?

c) Bestimme die Steigung jedes einzelnen Abschnitts.

d) Mit welcher gleichbleibenden Geschwindigkeit hätte Harry fahren müssen, wenn er sein Ziel in der gleichen Zeit erreichen wollte. Zeichne die entsprechende Gerade ein.

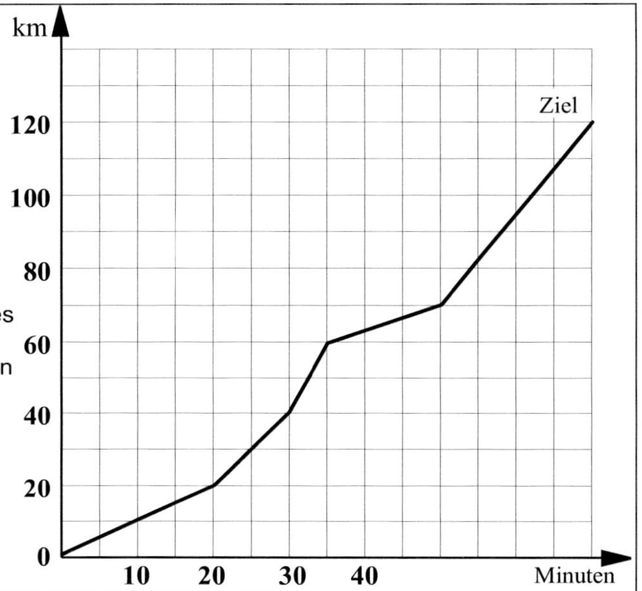

Station B28

Harry Bleifoot berichtet seiner Frau, wie er mit seinem »Perpedes« die 300 km lange Reise nach Hause geschafft hat.
»Die ersten 30 Minuten konnte ich mit 150 km/h fahren. Ich habe dann eine Pause von 10 Minuten eingelegt. Die Autobahn war die nächste halbe Stunde ziemlich frei und ich konnte den Wagen mit 200 km/h voll ausfahren. 20 Minuten gab es zähfließenden Verkehr, so dass nur 75 km/h möglich waren. Die letzten 100 km habe ich in 50 Minuten geschafft.«
Stelle den Weg graphisch dar.

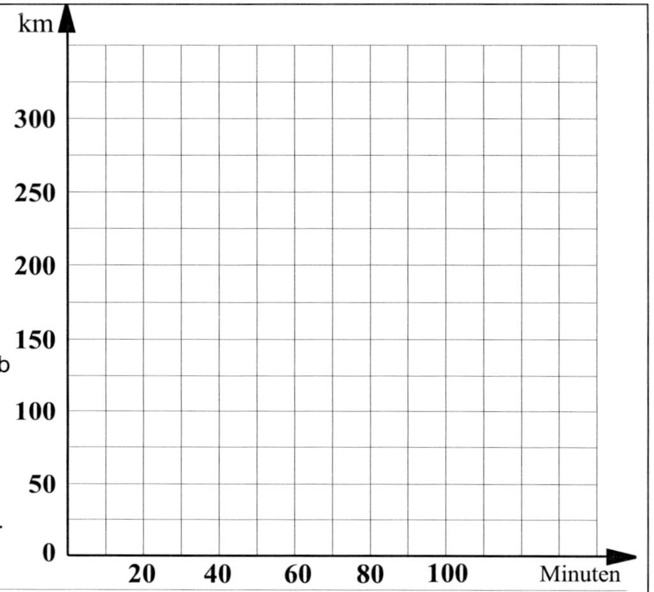

Station B27

a) 70 Minuten

b) 150 km/h (km 70 - km 120)
40 km/h (km 60 - km 70)

c) $m = 0{,}5$; $m = 1$; $m = 2$;
$m = 0{,}\overline{3}$; $m = 1{,}25$

d) 120 km in 70 Minuten entspricht einer Geschwindigkeit von etwa 103 km/h.

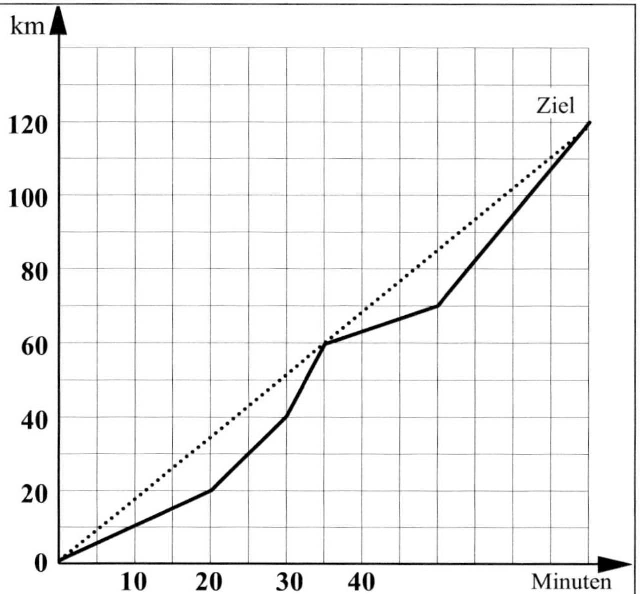

Station B28

Harry Bleifoot berichtet seiner Frau, wie er mit seinem »Perpedes« die 300 km lange Reise nach Hause geschafft hat.
»Die ersten 30 Minuten konnte ich mit 150 km/h fahren. Ich habe dann eine Pause von 10 Minuten eingelegt. Die Autobahn war die nächste halbe Stunde ziemlich frei und ich konnte den Wagen mit 200 km/h voll ausfahren. 20 Minuten gab es zähfließenden Verkehr, so dass nur 75 km/h möglich waren. Die letzten 100 km habe ich in 50 Minuten geschafft.«
Stelle den Weg graphisch dar.

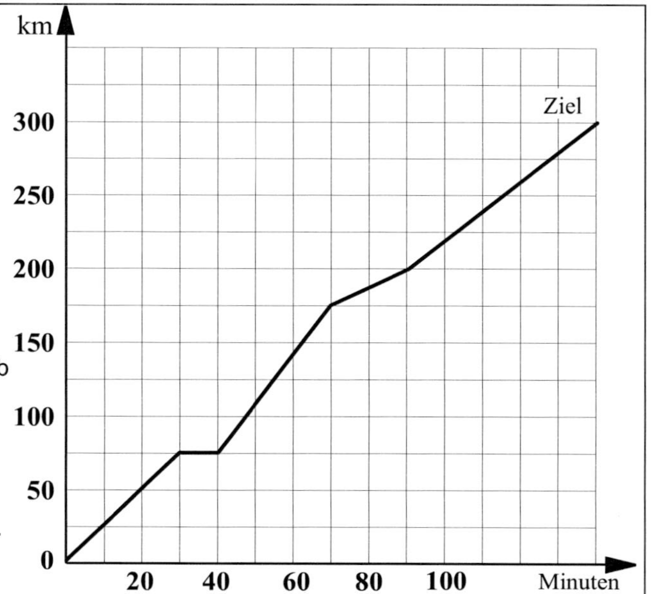

A TIPP-KARTE
Wertetabelle und Graph

Lineare Funktionen mit Funktionsgleichungen wie $y = mx + b$ kannst du zeichnerisch darstellen, indem du zunächst eine **Wertetabelle** erstellt, wo du dir x-Werte vorgibst und die y-Werte rechnerisch ermittelst. Anschließend überträgst du die so berechneten Punkte in ein **Koordinatensystem** und verbindest sie zu einer Geraden.

BEISPIEL:

$y = -x + 2$

Wertetabelle

x	y	
0	2	*P(0|2)*
2	0	*P(2|0)*
– 2	4	*P(– 2|4)*
3	– 1	*P(3|– 1)*
– 1	3	*P(– 1|3)*

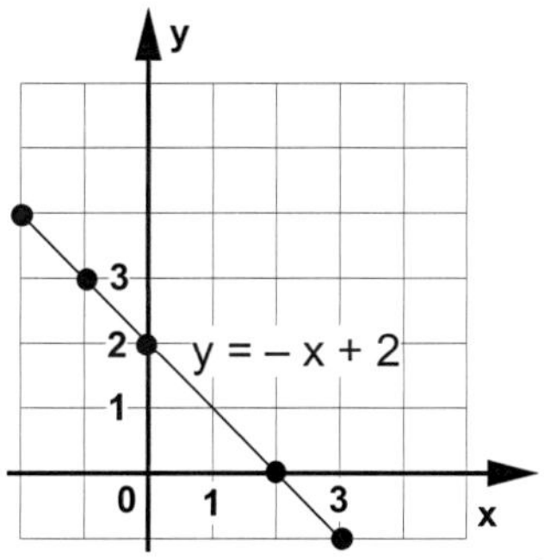

B TIPP-KARTE
Erstellung von Graphen mithilfe von Steigungsdreiecken

Eine Funktion mit der Funktionsgleichung $y = mx + b$ lässt sich mithilfe eines **Steigungsdreiecks** zeichnen. Da der **y-Achsenabschnitt** bei b liegt, wird dieser Punkt eingezeichnet. Von diesem Punkt aus zeichnet man einige Steigungsdreiecke mit jeweils der Steigung m ein.

BEISPIEL:

$y = \frac{2}{3}x + 2$

Zeichne dann die Gerade entsprechend ein.

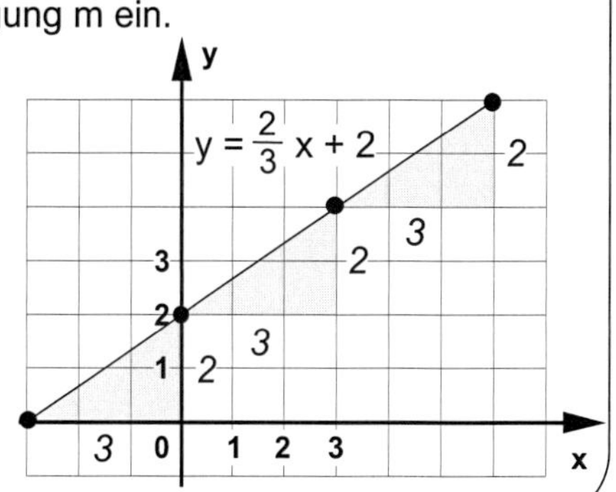

C TIPP-KARTE
Die Zwei-Punkte-Form

Mit zwei Punkten $P_1(x_1|y_1)$, $P_2(x_2|y_2)$ des Graphen einer Funktion lässt sich die Funktionsgleichung berechnen.

Berechnung der Steigung: $m = \frac{y_2 - y_1}{x_2 - x_1}$

Berechnung des y-Achsenabschnitts: Wegen $y_1 = mx_1 + b$ kannst du b mit $b = y_1 - mx_1$ berechnen.

BEISPIEL:

$P_1(-8|2)$, $P_2(-5|-2)$ (mit x_1, y_1 und x_2, y_2)

$m = \frac{-2-2}{-5-(-8)}$ $m = \frac{-4}{3}$ $m = -1\frac{1}{3}$

$b = 2 - (-1\frac{1}{3}) \cdot (-8)$

$b = -8\frac{2}{3}$

$y = -1\frac{1}{3}x - 8\frac{2}{3}$

D TIPP-KARTE
Berechnung von Schnittpunkten der Geraden mit der x- bzw. y-Achse

Der Graph einer Funktion mit der Funktionsvorschrift $y = mx + b$ hat den **y-Achsenabschnitt** b.

Die Stelle x, an der der Graph einer Funktion die x-Achse schneidet, heißt **Nullstelle** der Funktion. Wie berechnet man eine solche Nullstelle?

BEISPIEL: $y = -3x + 6$

Die y-Achse wird im Punkt P(0|6) geschnitten.

Berechnung der Nullstelle:

$0 = -3x + 6$

$3x = 6$

$x = 2$ Nullstelle P(2|0)

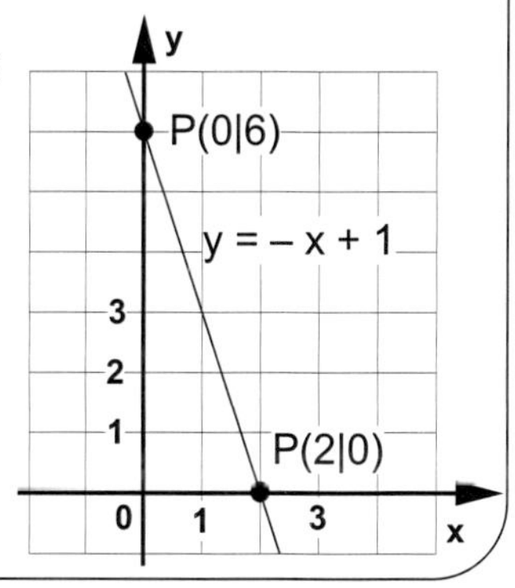

E TIPP-KARTE
Lineare Gleichungssysteme

Zwei lineare Gleichungen bilden zusammen ein lineares Gleichungssystem. Lineare Gleichungssysteme löst du, indem du die beiden Funktionen in ein Koordinatensystem zeichnest. Die Koordinaten des Schnittpunktes der beiden Geraden bilden die Lösung des Gleichungssystems.

BEISPIEL:

Das lineare Gleichungssystem

$y = 2x + 7$

$y = -x + 1$

hat die Lösung $x = -2$ und $y = 3$

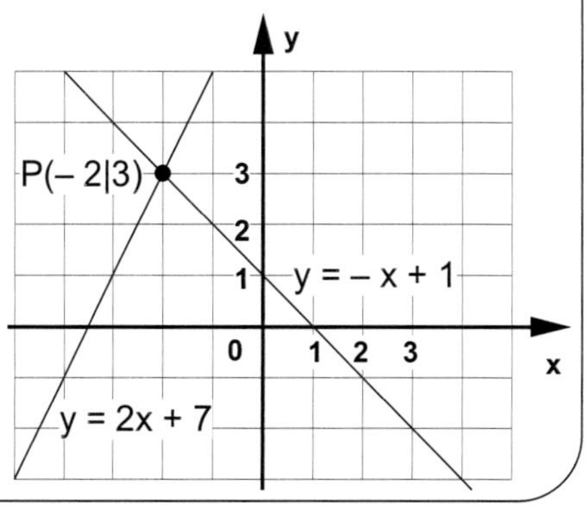

F TIPP-KARTE
Punktprobe

Ein Punkt liegt auf dem Graphen einer Funktion, wenn seine Koordinaten die Funktionsgleichung erfüllen.

BEISPIEL: Der Punkt P(2|4) liegt auf dem Graphen mit der Funktionsgleichung $y = 0{,}5x + 3$, weil $0{,}5 \cdot 2 + 3 = 4$.

Der Punkt P(– 3|– 4) liegt nicht auf dem Graphen mit der Funktionsgleichung $y = 2x + 3$, weil $(-3) \cdot 2 + 3 \neq -4$.

Du kannst natürlich auch den Graphen zeichnen und sehen, ob ein Punkt auf der Geraden mit der Funktionsgleichung $y = 0{,}5x + 3$ liegt.

Lineare Funktionen Domino

Lineare Funktionen Domino

$y = \frac{1}{2}x$

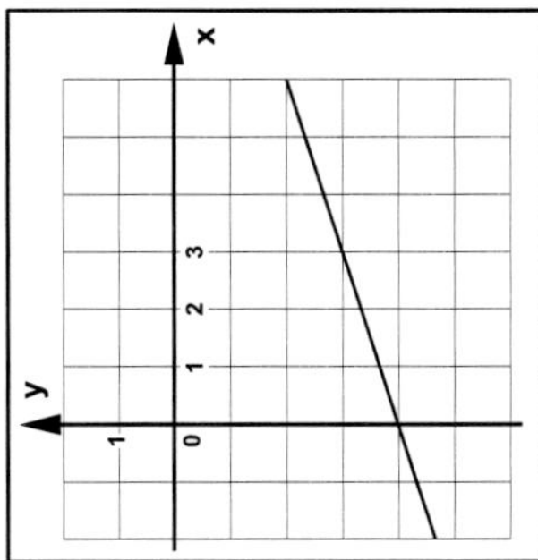

Lineare Funktionen Domino

$y = \frac{1}{3}x - 4$

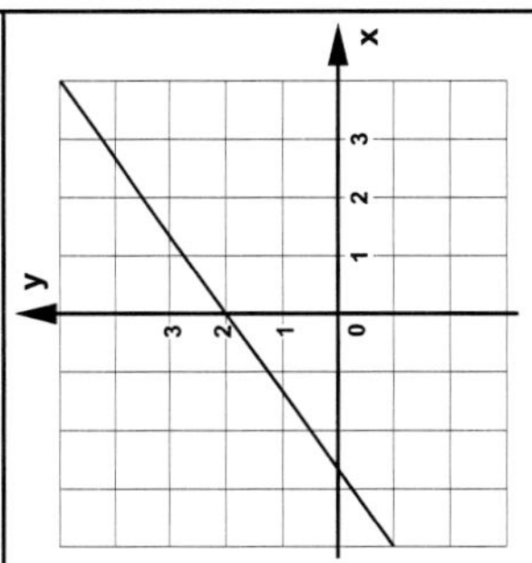

Lineare Funktionen Domino

$y = \frac{3}{4}x + 2$

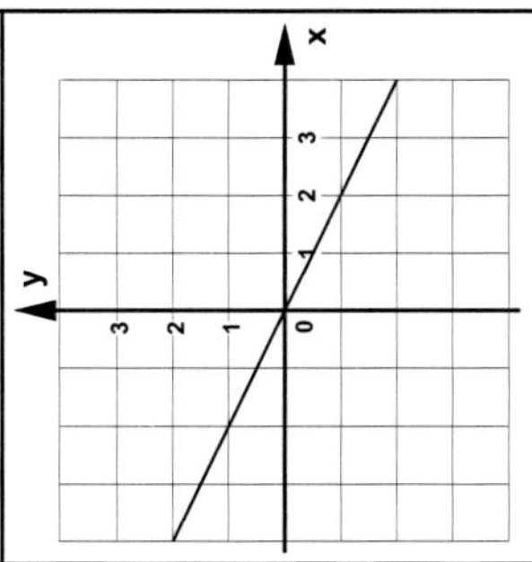

Lineare Funktionen Domino

$y = -\frac{1}{2}x$

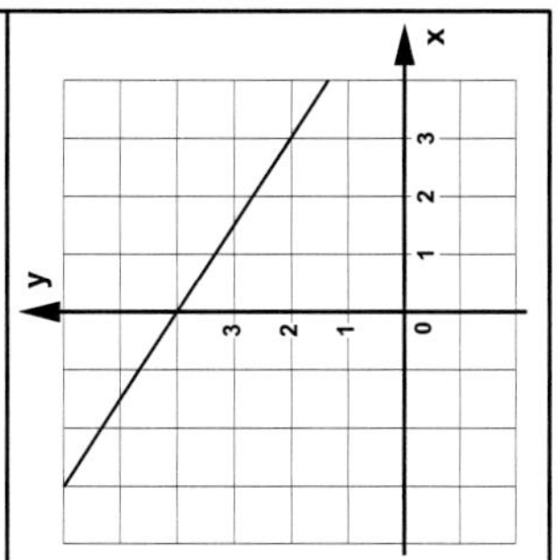

Lineare Funktionen Domino

$y = 2x + 4$

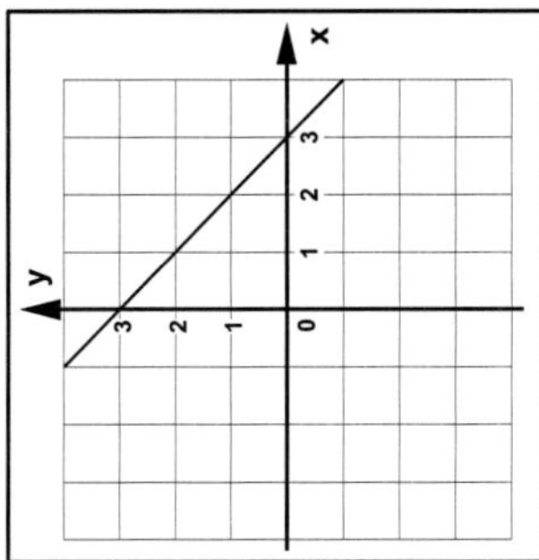

Lineare Funktionen Domino

$y = -x + 3$

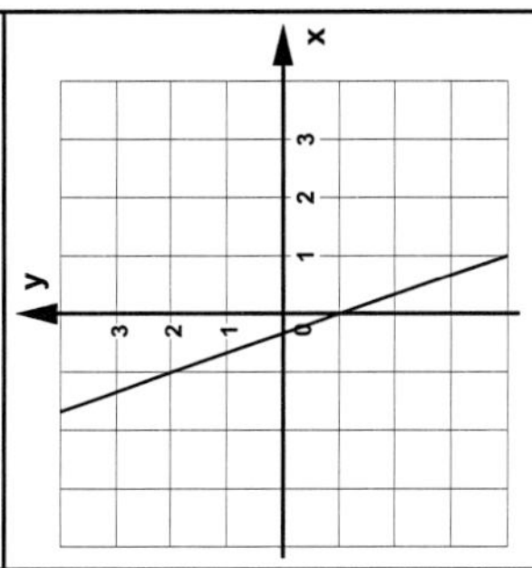

Lineare Funktionen Domino

$y = -3x - 1$

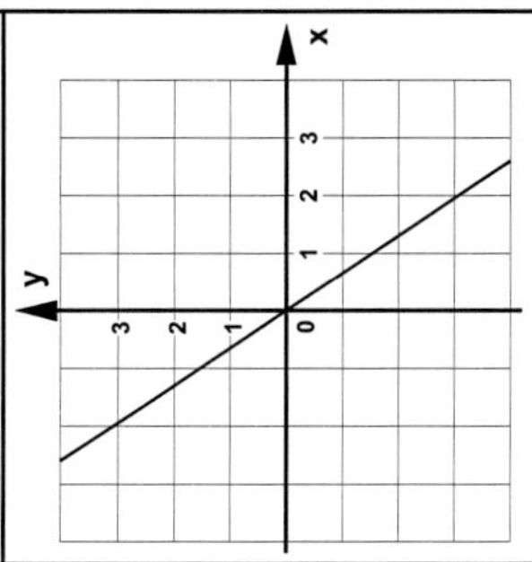

Lineare Funktionen Domino

$y = -1{,}5x$

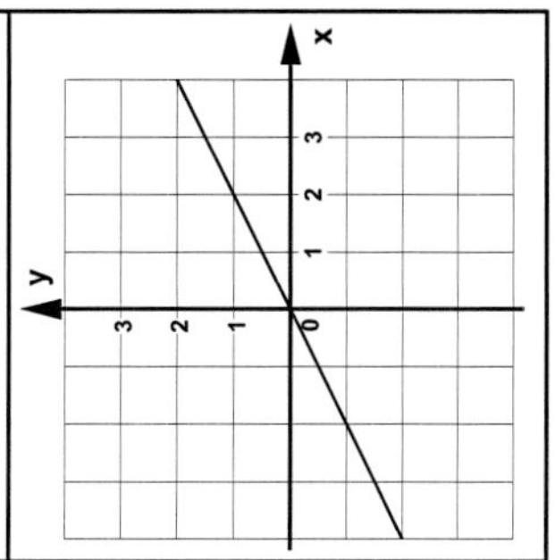

Lineare Funktionen Domino

Lineare Funktionen Domino

$y = -\frac{2}{3}x + 4$

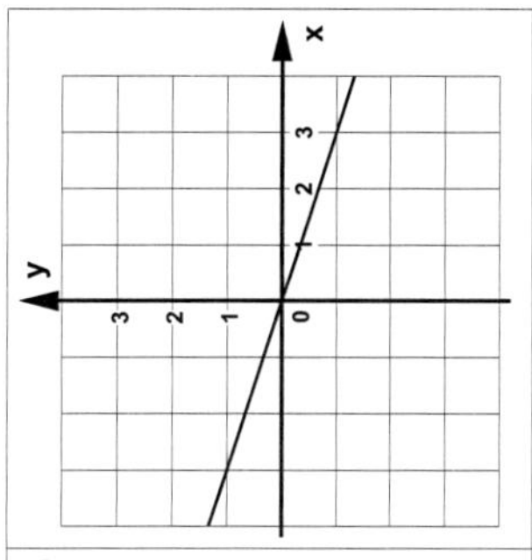

Lineare Funktionen Domino

$y = -\frac{1}{3}x$

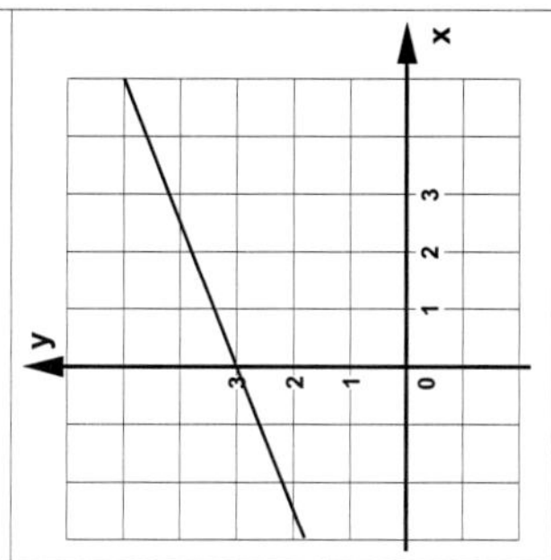

Lineare Funktionen Domino

$y = \frac{2}{5}x + 3$

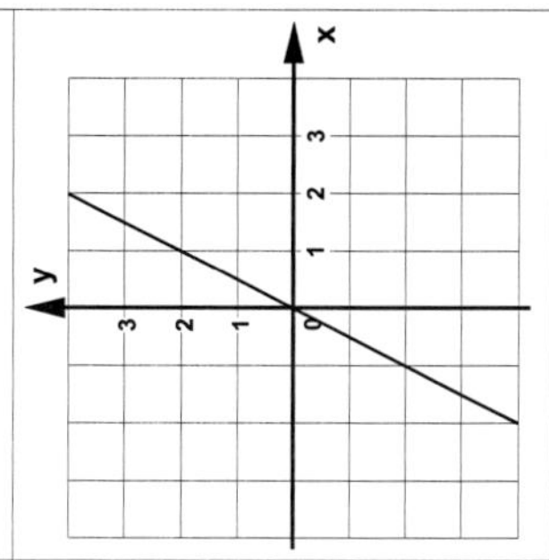

Lineare Funktionen Domino

$y = 2x$

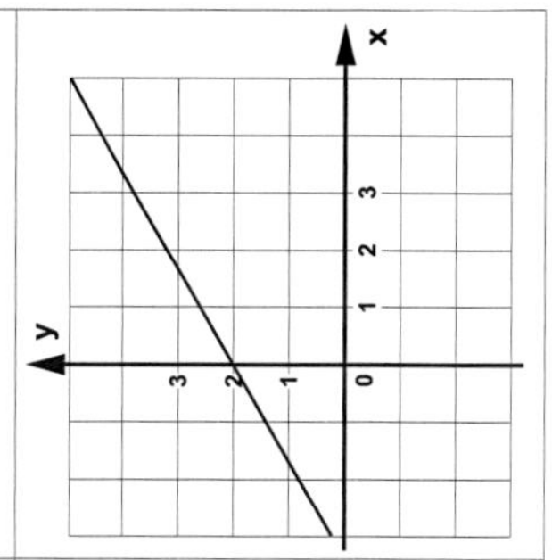

Lineare Funktionen Domino

$y = \frac{3}{5}x + 2$

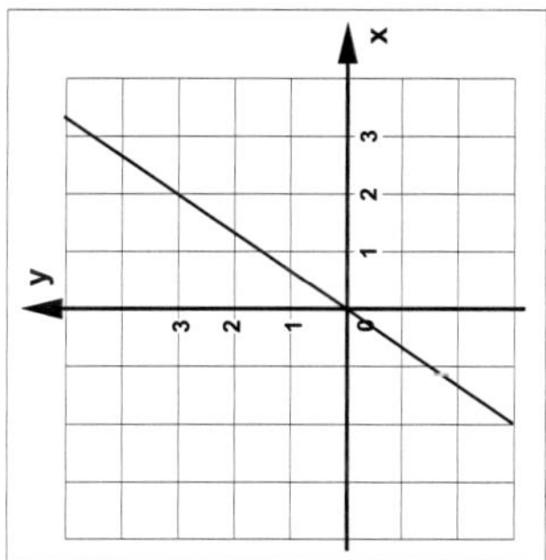

Lineare Funktionen Domino

$y = 1{,}5x$

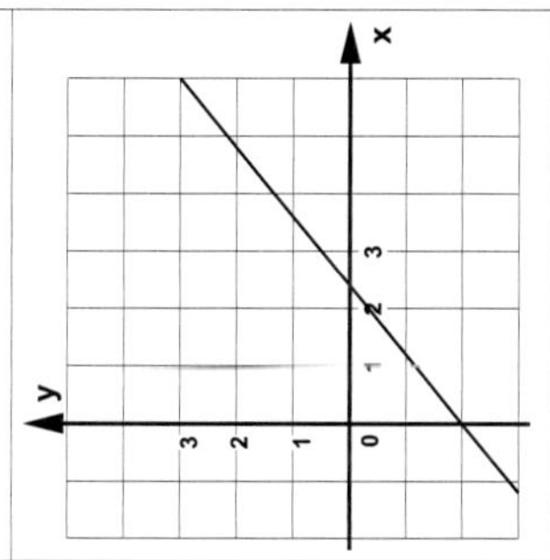

Lineare Funktionen Domino

$y = \frac{5}{6}x - 2$

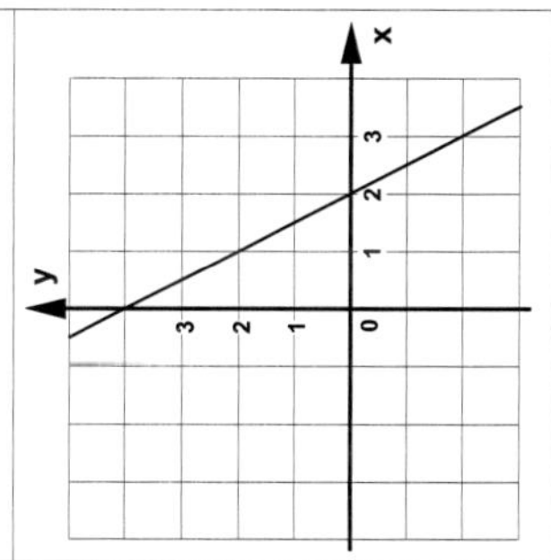

Lineare Funktionen Domino

$y = -2x + 4$

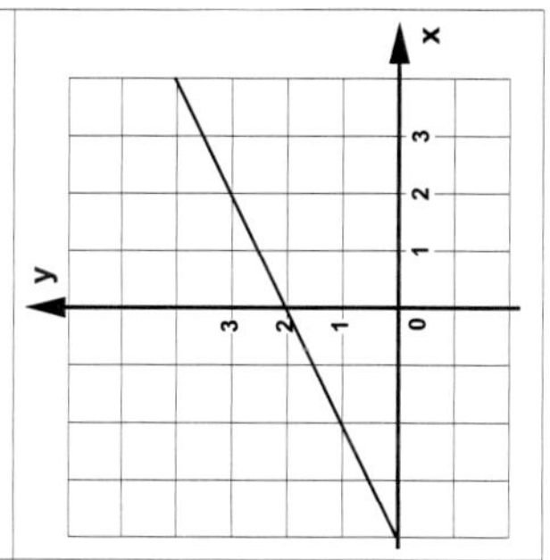

Lineare Funktionen Domino

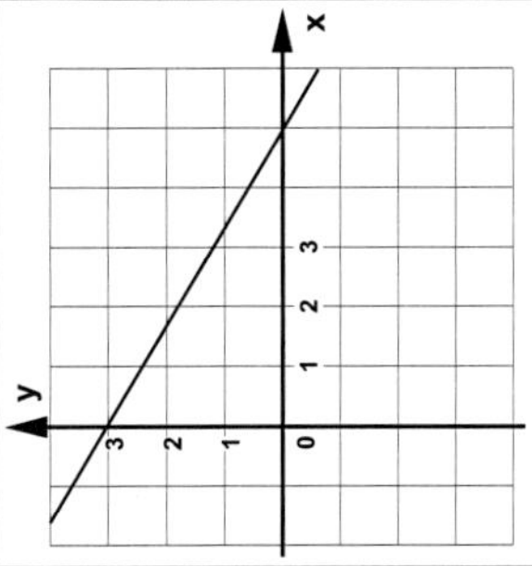

Lineare Funktionen Domino

$y = \frac{1}{2}x + 2$

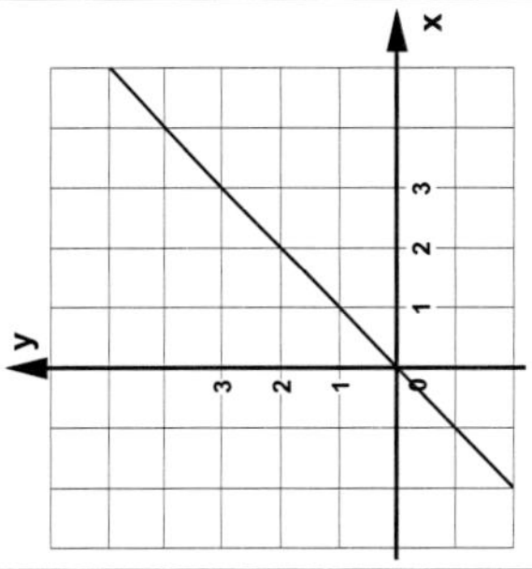

Lineare Funktionen Domino

$y = -\frac{3}{5}x + 3$

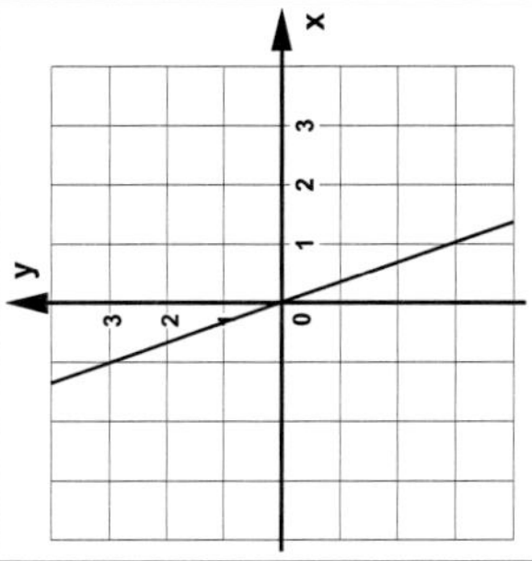

Lineare Funktionen Domino

$y = x$

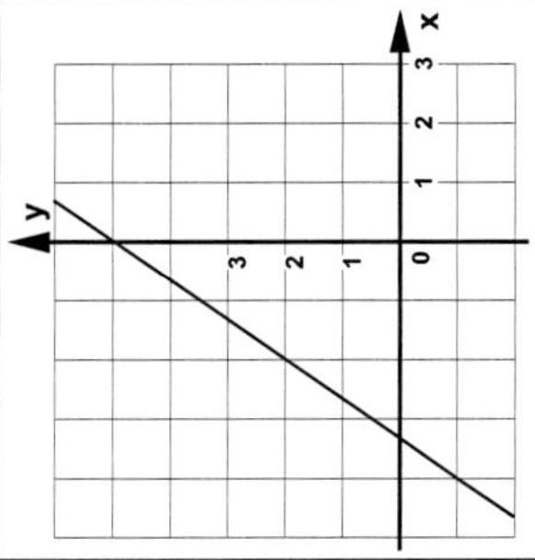

Lineare Funktionen Domino

$y = -3x$

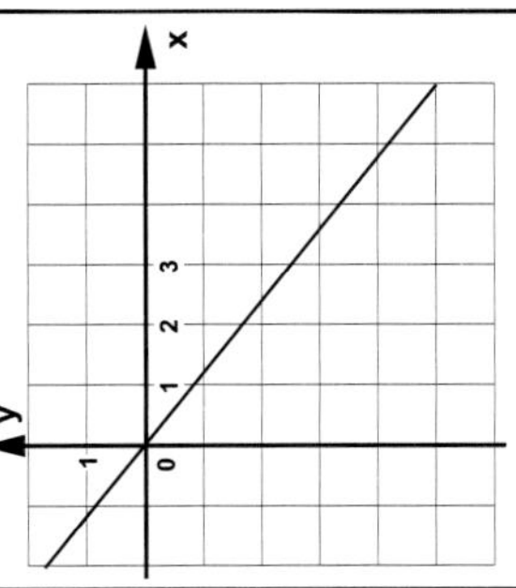

Lineare Funktionen Domino

$y = 1{,}5x + 5$

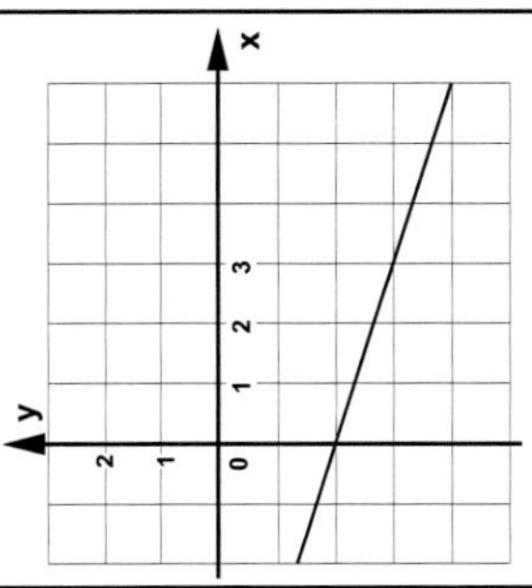

Lineare Funktionen Domino

$y = -\frac{5}{6}x$

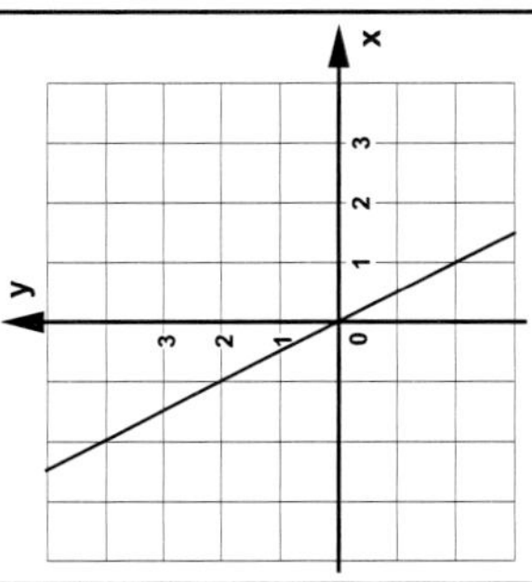

Lineare Funktionen Domino

$y = -\frac{1}{3}x - 2$

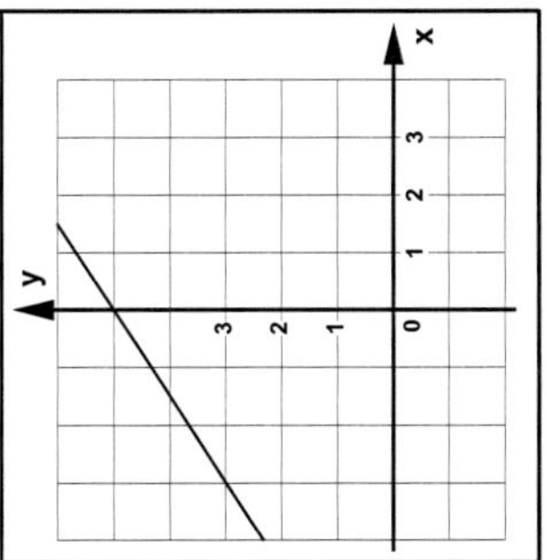

Lineare Funktionen Domino

$y = -2x$

Lineare Funktionen Domino

Lineare Funktionen Domino

$y = \frac{2}{3}x + 5$

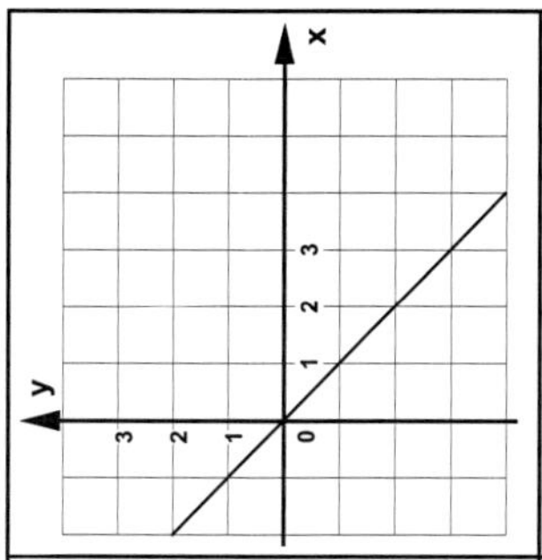

Lineare Funktionen Domino

$y = -x$

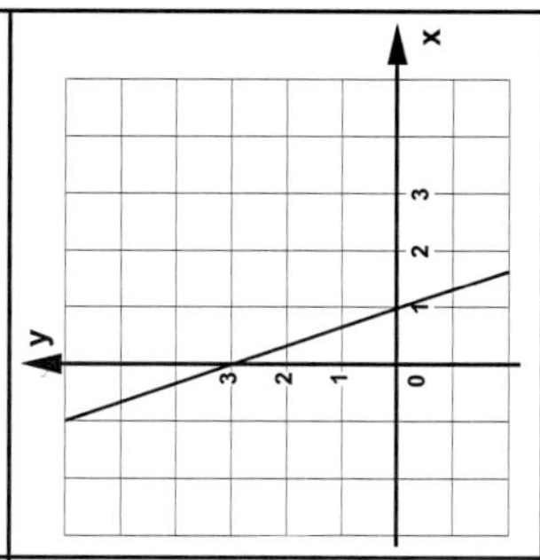

Lineare Funktionen Domino

$y = -3x + 3$

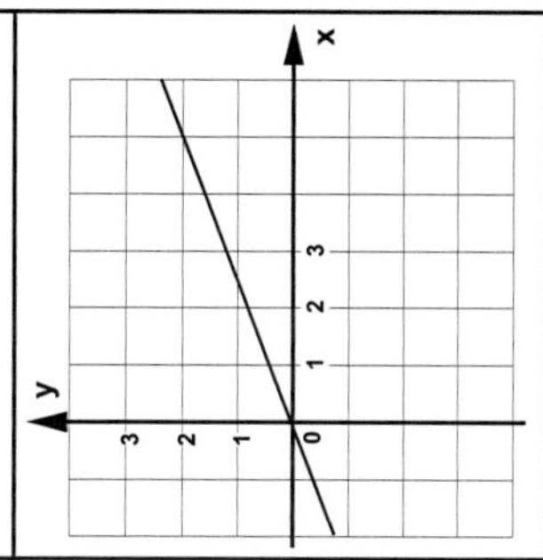

Lineare Funktionen Domino

$y = \frac{2}{5}x$

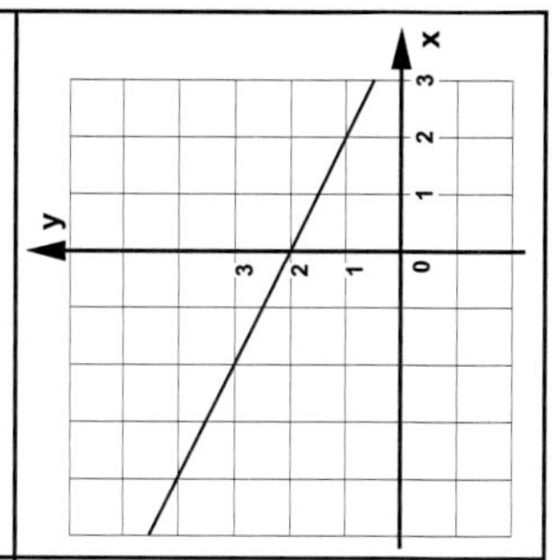

Lineare Funktionen Domino

$y = -\frac{1}{2}x + 2$

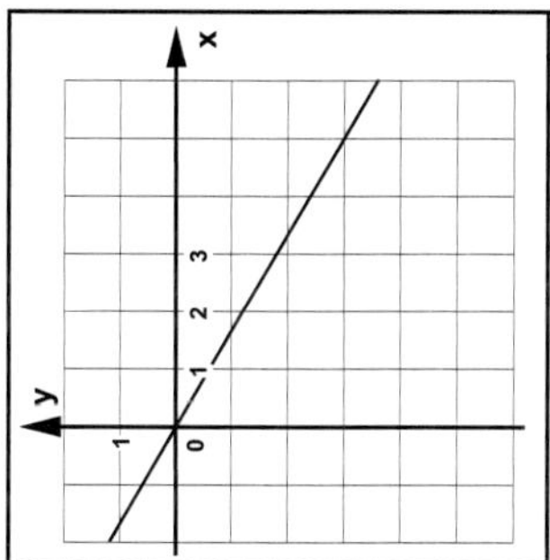

Lineare Funktionen Domino

$y = -\frac{3}{5}x$

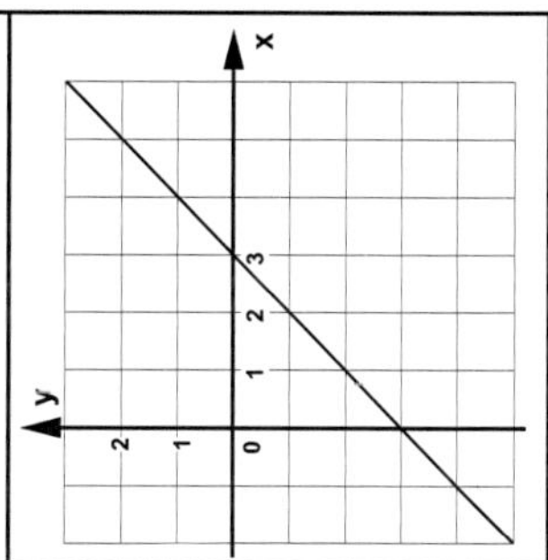

Lineare Funktionen Domino

$y = x - 3$

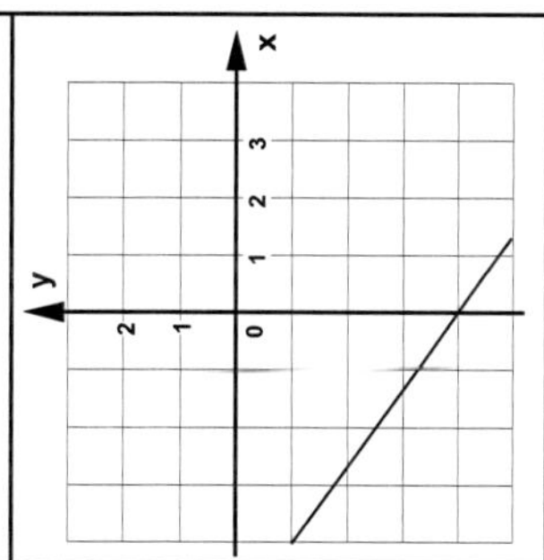

Lineare Funktionen Domino

$y = -\frac{3}{4}x - 4$

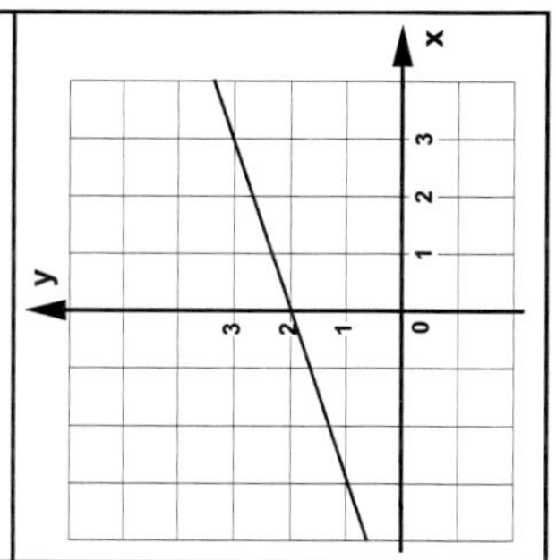

Lineare Funktionen Domino

Lineare Funktionen Domino

$$y = -\frac{2}{5}x - 1$$

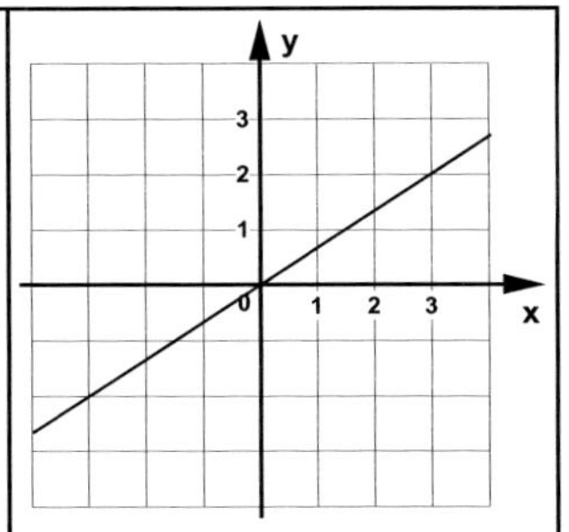

Lineare Funktionen Domino

$$y = \frac{2}{3}x$$

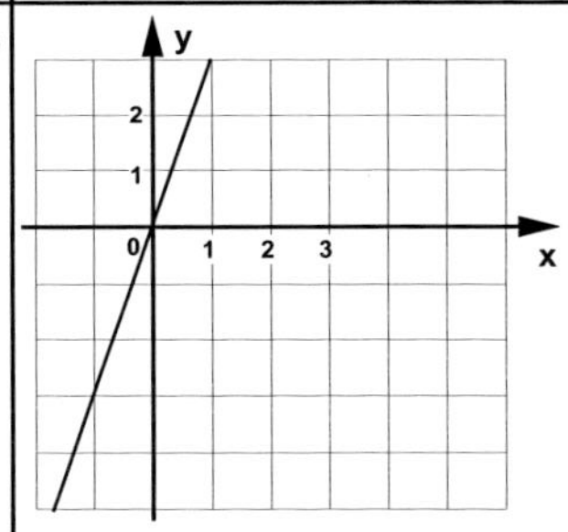

Lineare Funktionen Domino

$$y = 3x$$

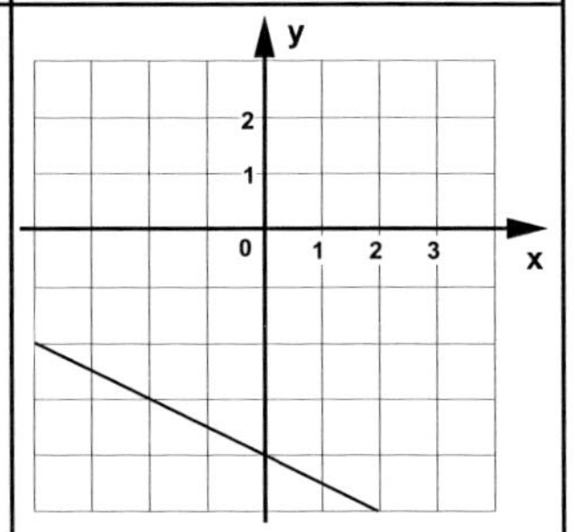

Lineare Funktionen Domino

$$y = -\frac{1}{2}x - 4$$

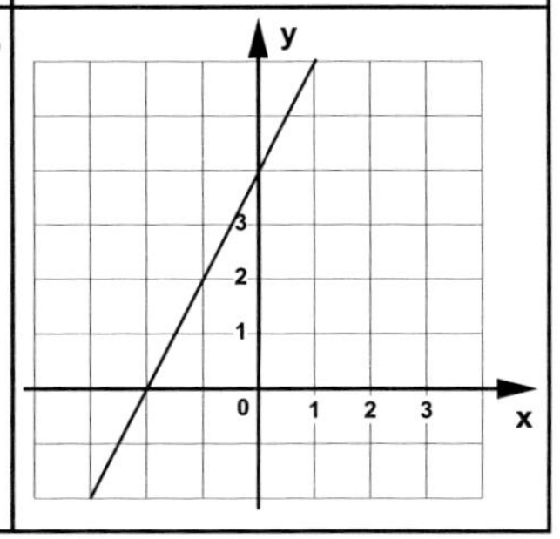

Lineare Funktionen Domino

$$y = \frac{1}{3}x + 2$$

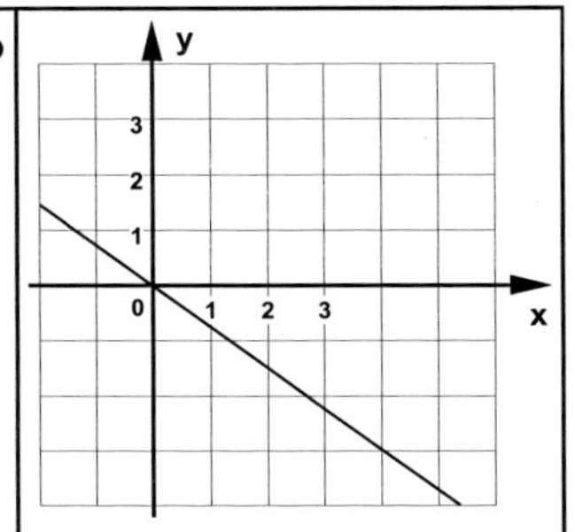

Lineare Funktionen Domino

$$y = -\frac{3}{4}x$$

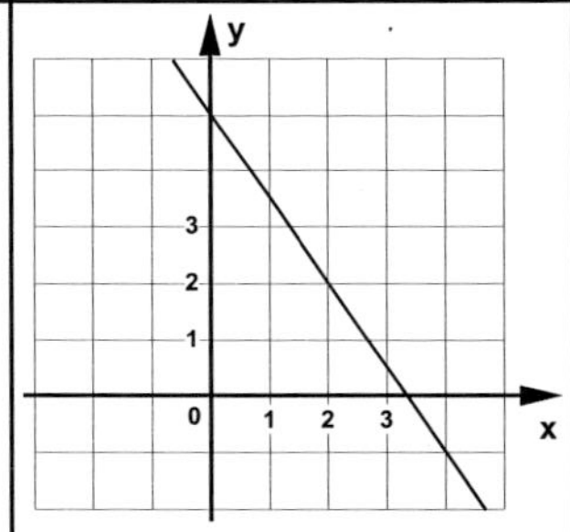

Lineare Funktionen Domino

$$y = -\frac{3}{2}x + 5$$

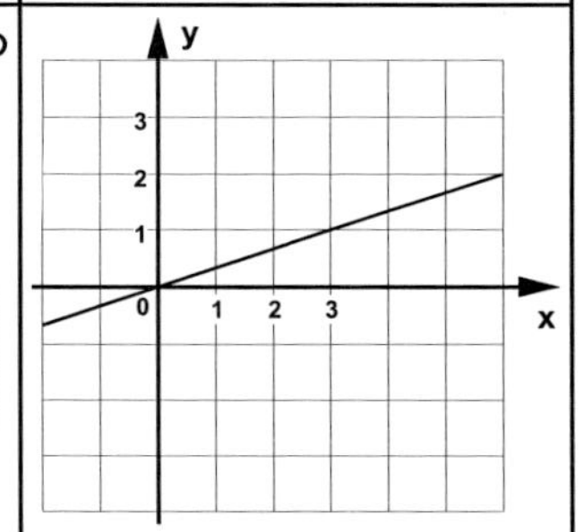

Lineare Funktionen Domino

$$y = \frac{1}{3}x$$

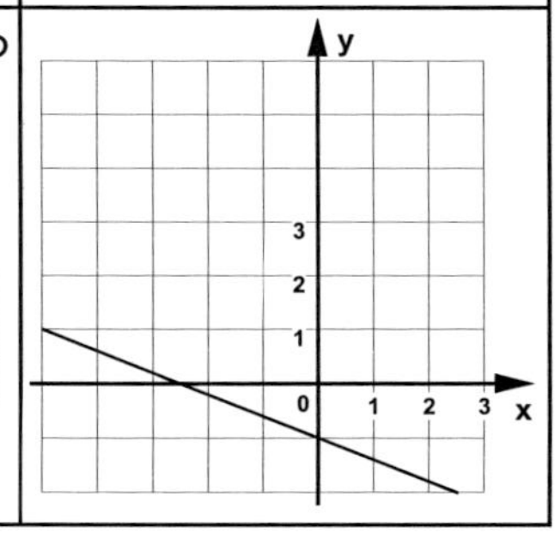